你离梦想只有一步之遥

程应峰——等著

让幸福触手可及 系列

北京理工大学出版社
BEIJING INSTITUTE OF TECHNOLOGY PRESS

图书在版编目（CIP）数据

你离梦想只有一步之遥 / 程应峰等著. —北京：北京理工大学出版社，2018. 8

（让幸福触手可及）

ISBN 978-7-5682-5138-9

Ⅰ. ①你… Ⅱ. ①程… Ⅲ. ①散文集 – 中国 – 当代 Ⅳ. ①I267

中国版本图书馆 CIP 数据核字（2018）第002970号

出版发行 / 北京理工大学出版社有限责任公司
社　　址 / 北京市海淀区中关村南大街5号
邮　　编 / 100081
电　　话 /（010）68914775（总编室）
（010）82562903（教材售后服务热线）
（010）68948351（其他图书服务热线）
网　　址 / http：//www.bitpress. com. cn
经　　销 / 全国各地新华书店
印　　刷 / 天津旭丰源印刷有限公司
开　　本 / 880毫米 × 1230毫米 1/32
印　　张 / 8
字　　数 / 200千字
版　　次 / 2018年8月第1版 2018年8月第1次印刷
定　　价 / 39.80元

责任编辑 / 田家珍
文案编辑 / 田家珍
责任校对 / 周瑞红
责任印制 / 李志强

Contents

目录

你离梦想只有一步之遥

第 1 辑

谁也不能阻挡一颗想要改变的心

第 2 辑

有一种力量叫不忘初心

第 3 辑

喂养梦想，直到它能养活你

第 5 辑

有梦想的人无畏无惧

第 1 辑

谁也不能阻挡一颗想要改变的心

你　离　梦　想　只　有　一　步　之　遥

心若改变，你的态度跟着改变；态度改变，你的习惯跟着改变；习惯改变，你的性格跟着改变；性格改变，你的人生跟着改变。

——美国著名心理学家　亚伯林罕·马斯洛

↘

成功，从梦想起步

卓　文

有一个小男孩儿，非常喜欢写作，还有一个当作家的梦想。可他的语文成绩特别糟糕，因为对于他来说，语法是复杂而又枯燥的，写作练习是冗长而无趣的。

一直以来，他的语文老师们都不看好他的想象写作，他对语文课的态度也一直没变，但是他的梦想却从未改变。直到有一天，一名叫弗里格的先生担任了他的语文老师。

一天，弗里格先生将一张列满了想象作文题目的家庭作业表发给了同学们，让大家选择自己喜欢的话题完成一篇想象作文。

小男孩儿惊喜地发现，跟之前的老师相比，这个老师好像有些不一样，于是他开始认真地选择题目。他看了几行作文的标题，都觉得没有一点儿意思，完全没有写作兴趣。但在看到“吃意大利通心粉的艺术”的时候，他停住了，许多生动的记忆从他脑海中流淌出来：在一个温馨的夜晚，一轮圆月高挂在天空中，皎洁的月光洒满了整个庭院。全家人都围坐在圆形的餐桌旁，一边聊天一边等待着姑姑做的意大利通心粉。尽管这是姑姑的第一次尝试，通心粉的味道怪怪的，但是全家人都吃得非常开心，并不住地称赞姑姑，给予姑姑莫大的鼓励。一家人其乐融融，屋子里充满着欢声笑语。

想到这里，小男孩儿立刻提笔把这些写了下来。虽然他依然没有按照课堂上学的作文技巧和语法，但他几乎是一气呵成，写完后还觉得浑身舒畅。因为，这是他从来没有过的写作经历，他甚至快要忘记自己刚才完成的是老师布置的作业。

作文被交上去以后，小男孩儿并没有期望能受到老师的表扬。因为对于他来说，这种事情几乎是奢望，是不会发生在自己身上的。可是，出乎他意料的事情发生了，他的作文竟然被老师当作范文给全班同学朗读。更让他惊喜的是，同学们不但认真地听着他的作文，还用热烈的掌声与赞叹肯定了他。

小男孩儿长大后，到一家报社当上了记者，成功地实现了自己的写作梦想。后来，由于他在写作和选材方面的独特角度，被主编选中派驻到白宫工作。此后，他还被《纽约时报》特聘，成了著名的专栏作家。

这个人就是罗素贝克。罗素贝克是两次普利策新闻奖的得主，后来更是担任了普利策新闻奖的评委，正因为他有梦想，并敢于坚持，他才有了最后的成功。

其实，每个人的心中都该有个梦想。为什么现在很多年轻人常把迷茫挂在嘴边？就是因为他们不知道自己的梦想是什么，自然更不可能知道自己该做什么。

成功，从梦想起步。不管你的人生面对什么样的难题，有梦想并坚持下去，是走向成功的第一步。我们要向罗素贝克一样，怀揣梦想，坚持梦想，全心全意地为自己的梦想努力，才能走向成功。

↙

身可处低谷，心须在高处

程应峰

他曾经是一个在北大西门岗亭里读康德的保安，他把自己的故事写成了一本10万字的书，他的故事曾经鼓舞了无数人，他就是“站着上北大”的甘相伟。

甘相伟出生于湖北山区，从小家境困苦。5岁时父亲就去世了，10岁时因为麻疹与死神擦肩而过。从小的不幸经历，激励着他：活着，就要去奋斗，活着才会有希望。

为了减轻母亲的负担，甘相伟曾经辍学去打工，但不久他便发现，打工是改变不了命运的。于是他果断地返回了校园，但是高考成绩的不理想，让他最后只能上了专科学校。

毕业以后找的工作并不如意，这让甘相伟非常苦闷。在这份无助的苦闷中，他想到了自己钟爱的文学，想给自己的命运寻找转机。

在 2007 年 8 月的一天，甘相伟走进了自己梦寐以求的北大校园，在一栋教学楼的窗外，他看到了一名正在专心读着文学书的保安。甘相伟很疑惑：难道保安可以在工作时间看书么？于是他便过去跟保安聊了起来。原来，在北大保安队，一直有鼓励学习的习惯，对于一些格外用心与刻苦的保安员，保安队还会主动帮他们去调整和安排适合学习的岗位与班次。这一发现，让甘相伟怦然心动，他当下就决定，一定要到北大当保安。

于是，在 2007 年的 9 月，甘相伟终于和北大的 3000 多名新生同时走进了北大的校园。但此时他的身份只是一名在西门站岗的保安。但是，这有什么关系呢？一切才只是开端。

当他第一次脱下保安服，背上书包走进教室的时候，他的内心忐忑无比。第一次的旁听，他只敢坐在最后一排不起眼的角落，生怕老师点名会注意到他这个一直不曾举手的人，生怕同学们看出他不属于这个班级。但是，等到整堂课结束，也没有人注意到他。

在之后的旁听课，他总会提前去教室抢占前三排的位子，如果班次与课程冲突，他也会积极地跟同事换班。他随身带着很多小纸条，上面记满了别人提到的书籍。

甘相伟在北大的日子几乎是没有休息时间的，而且为了买书，他在吃穿方面没有任何的讲究，所有的生活费、学费，都是他从工资里省出来的。

为了了解哪个老师的课程质量好，他连在给学生指路时都不忘打听关注。渐渐地，他甚至比有些学生都清楚各门课程的口碑，并形成了他自己的课程表。

正是有了他的这些努力与付出，甘相伟最终实现了自己的文学梦想。2012 年 5 月，甘相伟辞去了北大的保安工作，继续在北大充电，6 月他的新书《站着上北大》正式出版。

拿到新书的当天，甘相伟给身在老家的妈妈和在上海的姐姐分别打了电话，内心感慨万千。他依然记得，小时候因为家里穷，只能供得起一个孩子读书，于是姐姐中专毕业就出去打工；因为交不起 11 元的学费，他急得又哭又闹。那个时候，他走在蜿蜒的山路上，几乎认为世界就只有山村和田地，他甚至不知道城市长什么样子。

但是，有了梦想跟方向，一切就变得不一样了。回忆起童年的苦难，甘相伟不忘引用孟子的“天将降大任于斯人也”来解释，这也是他乐观的人生信条。

对于有梦想的人来说，起点低一点没有关系，梦想会带我们走向高处。当我们站到梦想的高度，就会发现一切都是美好的。

↘

一个超级大笨蛋的超级梦想

沈岳明

他是一个穷人家的孩子。俗话说，穷人家的孩子早当家，应该是很懂事的。可是，他却很不懂事。念小学时，他便有一个“超级大笨蛋”的外号。老师常这样向他的父亲报告：“这个孩子不适合接受教育，他有妄想症，整天都心不在焉。上课时，眼睛老是盯着外面的小鸟发呆，叫他去洗窗户，他把窗玻璃打破了；罚他扫地，教室墙壁被他撞掉一大片水泥块。”

父亲无奈，只得让他辍学后去当报童，可是每次送完报，他的袋子里总会剩下四五份报纸，不知道又忘了哪几家没送。叫他去砍点柴，他竟然把邻居的木头篱笆也给砍掉了。叫他去挤牛奶，他不但没挤到奶，还将乳牛当马来骑，差一点把乳牛给吓死。

父亲问他，你究竟会干什么？他说他想当大象，想当比大象力气还大的大力士。父亲摇了摇头，叹息道："这孩子真是没得救了！"如果将他送到精神病医院，又没有足够的医药费。于是，只得由着他，不再管他。没人管的日子里，他高兴坏了，天天去野外跟那些动物玩。只是他从来没有忘记过自己的梦想，他总是找机会跟动物们比力气，他发现只有大象的力气最大。慢慢地，他还发现蚂蚁的力气也不小，它能扛起超过自己体重很多倍的东西。

突然有一天，一家机械厂来他的家乡招工。因为那是苦力工，很多人都不愿意去，他只问了一句："机械的力气有大象大吗？"负责招工的人说："机械的力气可比大象大多了。"于是他毫不犹豫地报了名，成了一名机械厂的工人。

在工厂，他才知道，什么才是真正的大力士。就这样，他着了魔似的迷了上机械。可是，他很快又不满足了，他觉得自己想要的大力士应该比这些机械的力气还要大。他梦想中的大力士在瞬间就能够将一座山头铲平。就连那些机械厂的专家们也觉得他这是痴人说梦。只有他固执地相信，这个大力士肯定会出现的，只是他暂时还不想出来跟他见面而已。

1917 年，这个大力士终于出现了，那就是世界上第一台完整的推土机，那时他 29 岁。他观察蜘蛛的爬行，是那么稳当，于是，他根据蜘蛛设计出了推土机，能在斜坡上推土、挖土而不掉下来。由他设计的那只机械臂就是根据大象的体型得到的灵感，那个起重臂像极了大象的鼻子。他还大胆地选用橡胶做轮子，取代了原来的铁轮子。他就是雷多诺——享誉世界的推土机大王。

二战期间，道格拉斯 A-26 型轰炸机在航空母舰的甲板上怒吼，领航员焦急地询问指挥官：“轰炸任务完成以后，在法国的降落地点真的有一个机场吗？”将军史巴兹肯定地答道：“有的，那里有一个机场在等着你们。”“但是在地图上那是一片森林啊！”领航员不解地问道。史巴兹的回答成为二次大战的一句经典名言：“雷多诺的推土机能够在一夜之间，将森林扫成飞机场，雷多诺推土机的前进速度快到连我们军队都赶不上。”

一部雷多诺推土机相当于 1000 个工兵拿圆锹挖土的工作量。第二次世界大战期间，有多少部雷多诺推土机在替盟军开路呢？有近 3 万部，包括替中国军队筑出有名的滇缅公路与雷多公路。这种快速的机动性，成为盟军战胜德国、日本军队的关键之一。

雷多诺设计、建造的推土机，一直是世界公认的用来建设重大工程的最佳机器。像美国的胡佛水库、穿过巴西亚马孙森林的高速公路、巴拿马的运河、北海钻油平台的搬运、北非丛林的木头运送、南极的冰雪火车等，都使用了雷多诺推土机。他建造的每一部机器一上市，都立刻成为美国通用、日本三菱等公司争相效防的对象，被专家认为是二十世纪起重机械的权威。

曾经被认为患有妄想症的人，就这样成就了一番伟大的事业。人生就是这么奇怪，尽管人人都有梦想，但一些伟大的梦想总是不被人们所认可，也正是因为其伟大，所以一般人无法想象。此时，如果你不能坚持自己的梦想，人们便会说那是妄想，如果你坚持下去了，那么就一定会成为现实！

↙

做自己，别人管不着

沈岳明

法国作家、哲学家萨特，因为幼年丧父，母亲改嫁，只得跟着外祖父生活。一天，12 岁的萨特哭着跑回来，告诉外祖父，自己受欺负了。因为数理老师说，萨特长大后将一事无成。外祖父问：“老师凭什么这么说？”萨特说：“因为我的数学、物理成绩太差了。”

外祖父摸了摸萨特的头，反问：“那么，你自己是怎样认为的呢？”萨特说：“我认为自己长大后肯定有出息，而且还一定是大成就。”外祖父笑了，说：“那你为什么不听自己的，而要听别人的呢？”萨特觉得有道理，于是放弃数学、物理，一心研究哲学与文学，终于成了 20 世纪著名的哲学家和作家。

外祖父对萨特的影响是巨大的，特别是让萨特有了这样的认识："人除了他自己认为的那样以外，什么都不是。"比如，一个穷困潦倒的人，哪怕所有人都认为他是一个穷光蛋，只要他认为自己是一个富翁，那么他就是一个富翁。反之，一个富有的人，哪怕所有人都认为他是一个富翁，只要他认为自己是一个穷光蛋，那么他就是一个穷光蛋。又比如，一个力大无穷的人，哪怕所有人都觉得他是一个大力士，而他自己却认为自己是一个小不点儿，那么他就是一个小不点儿。反之，一个弱小的人，哪怕所有人都认为他是一个小不点儿，而他自己却认为自己是一个大力士，那么他就一定是一个大力士。

为了给自己的这个观点找到更多的依据，萨特对很多人进行了调查，其中还包括了自己的学生。结果表明，99% 的人不管是成功还是失败，都是因为自己认为自己能否成功或者失败，而不是因为别人。也就是说，那些总是说如果不是因为某某人的阻挠或者使绊，我早就成功了；或者说如果不是因为某某人的鼓励与帮助，我也许还是一个失败者，这样的事实都是不成立的。

最为典型的例子有两个：一个是，一位名叫巴里的富人，完全是一个衔着金汤匙出生的贵族，不但拥有巨额的家产，而且还拥有许多文凭。但是，由于巴里的内心贫困，通俗地说，是自己对自己没有信心，认为自己注定一事无成，最终让家族破产。期间，巴里的父亲还花巨资聘请了许多激励大师来鼓励巴里。就是在他的父亲去世以后，也还有不少与巴里父亲相好的财团，对他进行了帮助，但都无济于事。另一个是，一个名叫艾尔维的穷人，不但家境贫寒，也没受过多少教育。但艾尔维却坚信自己一定能成功，在他创业的道路上，可以说步步艰难，但最终他却突破了重重阻力，创造了巨大的财富。

所以说，一个人的成功与失败，与自己的家庭背景，与自己所处的环境，与他人的言论与评价，都没有太大的关系，最重要的是倾听自己的声音，坚持自己的想法。

↘

摸得着的理想

周 礼

曾见过一个经验丰富的老农喂牛的过程。刚开始这位老农直接把草料放在地上，让牛毫不费力地食取，农人满以为这样牛会吃得很饱，干活会更加卖力。可是一段时间下来，农人发现，这头牛学会了挑三拣四，不仅浪费了不少草料，身体也不如以前壮实了，还常常懈怠工作，不把主人的话当一回事。

后来，这个老农想了一个办法，每次给牛喂草料时，他总是将草料放在一个比牛的头略高一些的架子上。这样，如果牛要想吃到草料，就得付出一定的努力。令人意想不到的是，从那以后，牛不但不再挑三拣四，对稍次一点儿的草料也吃得津津有味，并且眼神中还流露出满足与自豪。

我好奇地问老农，为什么把草料放在地上，牛会挑三拣四，或不屑一顾，而放在高处却要努力去吃呢？

老农笑着说，这就叫越容易得到的东西，越不懂得珍惜，越不容易得到的东西，越会想尽办法得到。

听了老农的诉说，我不禁恍然大悟。不光是牛，我们人也常常这样，太容易完成的事情，往往让人没有前进的动力，也找不到丝毫的成就感。而太难完成的事情，往往又让人望而生畏，觉得遥不可及。只有那些通过一定的努力才能完成的事情，才会让人产生成就感和幸福感，认为成功并不是想象中的那么难。

而生活中，许多人总是喜欢将自己的人生目标定得很高远，认为理想越远大，取得的成就越丰硕。比如，有些人从小就立志要当科学家，当作家，当政治家，当画家，当音乐家，当亿万富豪等。结果，因为好高骛远，他们在人生的路上总是碰壁，无论怎么努力也实现不了自己的理想，最后只得灰心丧气地放弃了，并且还在心里烙下了一个自卑的阴影。从此以后，事事不顺，空余一声长叹：出师未捷身先死，长使英雄泪满襟。

其实，我们应该给自己定一个看得见、摸得着的目标，这样在攻克一个目标后，就会收获到成功的喜悦，进而建立起自信，有了自信心，就会有克服困难的勇气，就会一步步地迈向成功。这有点像爬山，如果一开始我们就把目标定在高耸入云的山巅，在艰难的攀爬中，你会一点儿一点儿丧失掉信心，还未到达山腰，就失望地放弃了。如果一开始不是将目标定在山巅，而是定在山脚的某个山头，那么你就会一鼓作气地征服这个山头。尝到甜头后，你又会满怀信心地去征服另一个更高的山头。也许最后你到达山巅的时间推迟了，但你收获的快乐远比别人多得多。

一个人能走向成功，不是因为他把自己的目标定得有多高，而是因为他始终把目标定在自己勉强能够得着的位置。在成就事业的路上，我们需要一把看得见、摸得着的草料，在前面时刻诱惑着我们，激励着我们，那样才能克服重重困难，翻越一座座崇山峻岭，到达事业的巅峰。

不同的选择决定不同的命运

西　武

选择不同，人生道路也不同。

有三个人要被关进监狱三年。监狱长告诉他们，可以满足他们每人一个要求。

其中的美国人爱抽雪茄，便要了三箱雪茄。法国人最喜欢浪漫，要了一个美丽的女子相伴。犹太人则说他要一部与外界沟通的电话。

一转眼三年过去了，到了出狱的时间，第一个冲出来的是美国人。只见他心急火燎地找火，原来他忘了要火。这三年可真够他过的，实在难熬。

接着出来的是法国人。只见他手里抱着一个孩子，身旁那个美丽女子手里也牵着一个孩子，女子肚子里还怀着一个孩子。法国人走出监狱，感到前途一片迷茫。

最后出来的是犹太人，他紧紧地握住监狱长的手说：“这三年来我每天利用电话与外界联系。我的生意不但没有停顿，反而增长了。为了表示感谢，我送您一辆劳斯莱斯！”

正是三年前三个人的不同选择，决定了他们之后各自不同的生活。所以说，什么样的选择决定什么样的生活。今天的生活是由之前我们的选择所决定的，而今天我们的选择将决定我们以后的生活。

戴维 19 岁那年，在美国休斯敦航空航天局的宇宙飞船实验室里工作，同时也在航空航天局旁边的休斯敦大学主修计算机。纵然忙于学校、睡眠与工作之间——这几乎占据了戴维一天 24 小时的全部时间，但只要有空闲时间，他就会进行自己喜爱的音乐创作。

写歌词不是戴维的专长，因此他想要寻找一位善写歌词的搭档与他一起联手创作。后来，戴维认识了瓦莱丽。她是一位聪慧漂亮的女孩子。在戴维的事业刚刚起步时，瓦莱丽给了他很大的鼓励。

年仅 19 岁的瓦莱丽在得克萨斯州的诗词比赛中，得过很多奖。她写的东西总是让戴维爱不释手。此后，他们合作写了许多很好的作品。一直到今天，戴维仍然认为这些作品充满了特色与创意。

那个时候，瓦莱丽知道戴维对音乐的执着。然而，面对那遥远的音乐界及整个美国陌生的唱片市场，他们一点渠道都没有。在一个星期六，瓦莱丽热情地邀请戴维到她家的牧场吃烤肉。那天，他们两个人坐在得克萨斯州乡下的牧场，谁都不知道下一步该如何走。

突然间，瓦莱丽冒出了一句话：“想象一下你三年后在做什么？”戴维愣了一下。瓦莱丽转过身来，手指着戴维说：“嘿！告诉我，你心目中最希望三年后的你在做什么，你那个时候的生活是个什么样子？”

戴维还来不及回答，瓦莱丽又抢着说：“别急，你先仔细想想，完全想好，确定后再说出来。”戴维沉思了几分钟，告诉她：“第一,三年后我希望能有一张我的唱片出现在市场上，而这张唱片很受欢迎，可以得到许多人的肯定；第二，我希望住在一个有很多很多音乐人的地方，能天天与一些世界一流的乐师一起工作。”

瓦莱丽说：“你确定了吗？”戴维慢慢地，而且拉了一个很长的音，回答道：“Yes！”瓦莱丽说：“好，既然你确定了，我们就把这个目标倒过来算一算。如果第三年，你有一张唱片在市场上销售，那么在第二年过到一半的时候一定要跟一家唱片公司签上合约。”

“那么你的第二年一定要有完整的作品，可以拿给很多很多的唱片公司听，对不对？”

“那么你在一年半后，一定要有很棒的作品开始录音了。”

“也就是说你的第一年，一定要把你所有要准备录音的作品全部编曲，排练就位。”

“那么你的前六个月，就要把那些没有完成的作品完成，让你自己可以逐一筛选。”

“那么你的第一个月就要把目前这几首曲子完工。”

“你的第一个礼拜就要先列出一个清单，排出哪些曲子需要修改，哪些已经完工。”

“好了，我们现在不就已经知道你下个星期一要做什么了吗？”瓦莱丽微笑着说。

“喔，对了！你还说你三年后，要生活在一个有很多音乐人的地方，与世界一流的乐师一起工作，对吗？”她急忙又补充说，“如果，你的第三年已经与这些人在一起工作，那么照道理，你在第二年半时应该有你自己的工作室或录音室。那么你的第二年，应该不是住在得克萨斯州，而是已经住在纽约或洛杉矶了。”

瓦莱丽的一席话，让戴维真切地感觉到时间就像高高扬起的皮鞭，让他不得不奋力地向目标靠拢。

第二年，戴维辞掉了令许多人羡慕的航空航天局的工作，离开了休斯敦，搬到洛杉矶。

说也奇怪，不敢说是恰好三年，差不多在第四年的时候，戴维的唱片在全球开始畅销起来，他的名字也迅速被人们所熟知。他也确实天天与业内一些顶尖的音乐高手一起工作。

戴维实现了自己的目标，你呢？你的目标是什么？其实，我们每个人都需要这样的提问。在你困惑的时候，在你感觉不知如何走下去的时候，你不妨静下心来问问自己：“若干年后你最希望看到你自己在做什么？”这样，你就会找到行动的方向，感到时间的紧迫。

今天的选择决定了我们以后的生活。任何成功都需要我们从现在开始有计划地工作，不要等到年华老去时，空余无谓的叹息。

黄雀焉知鸿鹄之志

周　礼

很久以前，在南方的一片小树林里，居住着两只鸟儿，一只名叫黄雀，一只名叫鸿鹄，它们每天日出而作、日落而息，以林中的虫子和野果为食。有一天，鸿鹄告诉黄雀，它想飞上蓝天，去亲吻空中的白云，然后再到北方去溜达一圈，看看那边有什么好吃和好玩的东西。黄雀听后，不以为然地说："你就不要做白日梦了，天空那么高，北方那么远，你去得了吗？再说，咱们现在过得多快活自在啊！飞上枝头就可以休息，落在地上就可以觅食，干吗要去吃那苦头呢？"鸿鹄听罢，不再理会黄雀，它知道，黄雀永远也不会明白自己的心思。从那以后，鸿鹄一边四处猎食，一边孜孜不倦地练习着飞翔的技术和长时飞行的耐力。没过几年，鸿鹄变得无比强大，于是它决定离开那片小树林，去寻找自己的梦想。当它在天空中看到如蚂蚁一般的城市，看到像棉花糖一样的白云时，它的心中无比振奋，它从来没有见过如此美丽、壮观的风景，那一刻，之前所有的辛劳都化作幸福、快乐的源泉。后来，鸿鹄又飞到了北方，游遍了那里的山川河流，尝遍了那里的美味佳肴；而那只安于现状的黄雀还终日守着那片小树林，过着饱一顿饥一顿的日子。

秦朝末年，阳城县有一个名叫陈胜的年轻人，虽然他出生于雇农，没有读过书，从小就给地主当长工，但他却梦想着干一番大事业。有一天，他与工友在田间劳作，中途休息时，他意味深长地说："如果有朝一日，我们中的哪个人富贵、显达了，可千万不要忘记一块儿受苦受难的兄弟啊。"工友笑着说："我们都是给别人打工的人，哪有什么前途可言，能养活一家老小就很不错了，你以为人人都能成为达官贵人啊！"陈胜听后长叹了一声，心想，我就不信这个邪，王侯将相不是生来就有的，别人能做，我也同样能做。后来，陈胜在大泽乡拉起了竿子，做了反秦义军的首领，还在陈郡封地称王。而他的那些工友们要么被贫困和压迫折磨而死，要么忍气吞声地苟活着。

大卫·安德森和吉姆·墨菲曾是一对无话不谈的好兄弟，大学毕业后，他们一同进了铁路公司，从事一线工作。从学历和社会背景看，他们没有多大的区别，然而，谁也没想到，二十年后，吉姆·墨菲做了铁路公司的总裁，而大卫·安德森仍然工作在烈日暴雨下。当有人问起其中的缘由时，大卫·安德森神色黯淡地说：

“当初，我是在为 1 小时 1.75 美元的薪水而工作，吉姆·墨菲却在为这条铁路而工作，是梦想和胸怀成就了他伟大的事业。”

原来，一个人的梦想有多远大，他脚下的路就有多宽广，人与人之间的差别不在于家庭出身和智商高低，而在于是否有远大的目标，是否有为理想而奋斗终生的雄心壮志。

↘

寻找适合自己的出路

彭忠富

艺人张曼玉的成功人尽皆知，她在整个华人圈是妇孺皆知的名角。而过去，在成长的道路上，她却曾经为她错误的坚持付出过不少的代价。刚进入演艺圈的时候，她还是个少女。那时，她只想在银幕上扮靓，只肯演妩媚动人的少女。演了几部电影后，却没有得到预期的效果，观众不认可她的妩媚，不认可她饰演美貌少女时的演技。

这时候，有圈中人劝她，以她的形象、她的演技，应该有更大的发挥余地。如果不是总演少女，也会取得成功。这个建议本来很中肯，可那时，张曼玉很相信自己的演技，也相信自己的相貌，相信自己的青春。于是，她固执己见，继续饰演少女。这样又演了几部戏，结果还是没有取得预期的成功，因为票房就能说明一切，张曼玉的名号并没有太多的号召力。

屡遭挫折之后，她终于放弃了那些毫无意义的坚持，决定改变戏路。于是，一个接一个的新角色出现了。从《新龙门客栈》里的老板娘，到《宋庆龄》里的宋庆龄；从《一门喜事》里的新娘子，到《甜蜜蜜》里的打工妹；从《济公》里的放荡妓女，到《青蛇》里的可爱青蛇……

她角色多变，戏路宽广，演技出色，最后终于成功了，成为家喻户晓的明星，具有极高的票房号召力。

这些角色的出演，给张曼玉带来了极大的声誉，她连续四次荣获香港金像奖最佳女演员奖。可以说，她获得了巨大的成功。而这些成功，当然归功于她及时放弃了无意义的坚持。

人们常说“坚持就是胜利”，可是当我们明知道坚持下去没有好结果，那么还不如放弃固有的坚持，尝试着做些改变，说不定就会峰回路转，成就另一番事业。有一位哲人说道：“我不会抓紧任何我拥有的东西！当我抓紧什么东西时，我很可能会失去它。如果我抓紧爱，我也许就完全没有爱；如果我抓紧金钱，它便毫无价值。想要体验拥有任何东西的唯一方法，就是将它放掉。”

如果你能领悟放下的道理，你就会有一种如释重负的感觉。因为只有懂得放下，才能把握当下。更何况，人生在世不如意者十之八九，如果我们不能及时抛开那些不必要的东西，那么我们背负的“人生行囊”就会越来越重，最终吞噬掉青春、事业，让自己一辈子都碌碌无为。

一个人拿得起是一种勇气，放得下是一种智慧。什么时候学会放弃，什么时候便开始了成熟。我们都要学会放弃，放弃失恋带来的痛楚，放弃屈辱留下的仇恨，放弃心中所有难言的负荷，放弃耗费精力的争吵，放弃没完没了的解释，放弃权力的角逐，放弃对金钱的贪婪，放弃对虚名的争夺……凡是次要的、枝节的和多余的，该放弃的时候都要放弃。

不做被囚禁的章鱼

西 武

一只章鱼的体重可达70磅。但是，如此庞大的家伙，身体却非常柔软，柔软到几乎可以将自己塞进任何自己想去的地方。

章鱼没有脊椎，这使它可以穿过一个银币大小的洞。它最喜欢做的事情，就是将自己的身体塞进海螺壳里躲起来，等到鱼虾走近，就咬住它们，注入毒液，使其麻痹，然后美餐一顿。对海洋中的其他生物来说，章鱼可以称得上是最可怕的动物之一。

不过，人类却有办法制服章鱼。渔民根据章鱼那爱钻孔的天性，将小瓶子用绳子串在一起沉入海底。章鱼一见到小瓶子，都争先恐后地往里钻，不管瓶子口多么小，多么窄。结果，这些在海洋里无往不胜的章鱼，都成了瓶子里的囚徒，变成了人类餐桌上的美味。

是什么囚禁了章鱼？是瓶子吗？不，瓶子放在海里，它不会走路，更不会主动去捕捉章鱼。囚禁了章鱼的，是它们自己。它们向着最狭窄的路越走越远，不管那是一条多么黑暗的路，即使那前面是个死胡同。

看了上面这个小故事，你可能会觉得章鱼很傻，其实，我们中的许多人也像章鱼一样，自己将自己囚禁起来，在苦恼、烦闷、失意、诱惑的瓶子里越钻越深，越走越窄。既然是自己将自己囚禁，那也只有自己才能给自己松绑。

一个人被烦恼缠身，于是四处寻找摆脱烦恼的秘诀。有一天，他来到一个山脚下，看见一片绿草丛中，一个牧童骑在牛背上，吹着横笛，逍遥自在。他走上前去问道："你看起来很快活，能教给我摆脱烦恼的方法吗？"

牧童说："骑在牛背上，笛子一吹，什么烦恼也没有了。"

他试了试，不灵。于是，他又继续寻找。

不久，他来到一个山洞，看见有一个老人独坐其中，面带满足的微笑。

他深深地鞠了一躬，向老人说明来意。

老人问道："这么说你是来寻求解脱的？"

他说："是的！恳请不吝赐教。"

老人笑着问："有谁捆住你了吗？"

"没有。"

"既然没有人捆住你，那就是你自己捆住了自己。自己打的结只有自己才能解开，别人是帮不上忙的。”

在生活中，很多时候都是我们自己将自己囚禁，自己将自己捆住，自己认为自己不行，做不到，做不好，以至于人生之路越走越窄！那么现在，试着敞开你的心胸，摆脱桎梏，你会发现其实大多数烦恼都是自找的，大多数困难并没有我们想象中的那么难，捆住你的只是你自己而已！

↘

改变，从自己的内心开始

卓 文

在威斯敏斯特大教堂地下室的墓碑林中，在一块其貌不扬的墓碑上刻着这样的墓志铭：

当我年轻的时候，我的想象力从没有受到过限制，我梦想改变这个世界。

当我成熟以后，我发现我不能改变这个世界，我将目光缩短了些，决定只改变我的国家。

当我进入暮年后，我发现我不能改变我的国家，我的最后愿望仅仅是改变一下我的家庭。但是，这也不可能。

当我躺在床上，行将就木时，我突然意识到：如果一开始我仅仅去改变我自己，然后作为一个榜样，我可能改变我的家庭；在家人的帮助和鼓励下，我可能为国家做一些事情。

然后谁知道呢？我甚至可能改变这个世界。

这段碑文深深地震撼着许多人，虽然它的主人只是一个微不足道的无名氏。据说，当年轻的曼德拉看到这篇碑文时，顿时幡然醒悟，声称自己从中找到了改变自己命运和南非甚至整个世界的金钥匙。回到南非后，这个志向远大的青年，一下子改变了自己的思想和处世风格，他从改变自己、改变身边的人开始，经历了几十年，终于改变了他的国家。

阿基米德说，给我一个支点，我就能撬动地球。而要撬起世界，它的最佳支点不是地球，不是一个国家、一个民族，也不是别人，而是自己的心灵。

摩西奶奶是个大器晚成的画家，对生命的热爱让她有着惊人的创造力。虽然她从未接受正规训练，76 岁时才开始创作自己的第一幅画，但她坚信做自己喜欢的事，永远都不晚。在这过程中，她不止一次收到读者的来信：你已经比别人慢了一大截，在人生这场赛跑中，赢的概率已经很渺茫甚至都不可能了，还来得及吗？还有必要去追求吗？

摩西奶奶在给这些人的回信中写道：不用着急的，你要明白你的人生要做的其实不是和别人竞争，不是为了追赶别人或者超过别人，这都没什么意义，你要做的应该是改变自己的人生之前要改变自己的内心。

她还经常回忆自己的一生，她的一生虽然平淡无奇，却充实和快乐。她经常说，如果自己慢下来，也是不会感到遗憾的，因为那也会使她的内心安定宁静，生活淡定从容。

她非常珍惜所拥有的一切，一个笔记本，一个小凳子，都想要尽可能完整地保存，这些东西让她感受到陈年旧事的真实，是记忆中的烙印，想起这些曾经出现在身边的小物件，让她感受到，其实没有什么可以永远地留存。

要想改变命运，必须从改变自己开始；要想“撬起世界”，你必须把支点选在自己的心灵上。无论曼德拉还是摩西奶奶，都是从改变自己开始，继而改变了命运，成就了令世人瞩目的事业。

与其抱怨，不如改变

沈岳明

据福布斯英文网站报道，在美国富豪榜400强中，有63名企业家并未获得大学学位，超过了总人数的15%。现在，我们要讲的就是两个大学未毕业的年轻人的故事。

那时候，菲尔与琼斯还很年轻，并且在同一所大学就读。因为一时头脑发热，大学还未毕业，他们便逃离了校园，准备外出创业。

他们贷款合伙开了家公司。可是，社会的现实却不像他们所想的那样简单，在吃了许多苦头之后，他们被迫将公司卖掉了。美丽的梦想就这样破灭了，每人除了分得一堆债务之外，再就是满身的创伤，他们最后只得含泪分道扬镳。

琼斯在出租屋里喝得烂醉，醒来后，却不见了菲尔。再回到校园已经不可能了，接下来，琼斯想找份工作。可是，由于没有文凭，琼斯很难找到一份满意的工作。那些苦累的体力活，琼斯又不愿意干，他觉得自己的才华不是用来干苦累活的。最后，琼斯不得不回家，除了躺在家里睡大觉，就是抱怨自己的过失，为什么要一时冲动逃离校园，既失去了继续深造的机会，又没得到创业的机会，但世上没有后悔药。

就这样浑浑噩噩地过了几年。一天，琼斯突然在街上遇到了菲尔，菲尔正开着一辆破旧的货车在给餐馆送外卖。琼斯当即便抱怨了起来，说："哎呀，我们都错了，如果不是因为当初错误的选择，你现在也不会沦落到给餐馆送外卖的地步，而我也不会变得这么落魄。"菲尔因为要赶着去送外卖，于是对琼斯说："对不起，我要赶时间。"琼斯望着菲尔远去的背影，还在不断地叹息。

又是几年时间过去了，一天，琼斯突然在一家酒店里遇到了菲尔。琼斯因为醉酒后拒不付费，惊动了酒店老板，原来菲尔就是那家酒店的老板。菲尔奇怪地问琼斯："你怎么变成了这个样子？"琼斯说："还不是因为上天对我不公！"

终于有一天，菲尔的名字登上了福布斯富豪榜，他的酒店开遍了整个美国。可是琼斯依然还在抱怨。面对落魄的琼斯，菲尔说："如果你有时间去抱怨，还不如用同样的时间试着去改变它。我们当初的遭遇是一样的，但我没有选择抱怨，而是选择了试着去改变。"

在遭遇挫折时，抱怨也是于事无补，与其抱怨，不如靠自己的力量将抱怨的时间用来改变现状，或许，在不久的将来你就会获得幸福。

↘

上错车就要立刻下来

西 武

现实生活中，你有一个梦想，梦想自己10年后有好的生活。你满腔热忱地开始行动。然而，几个月后，生活打断了你的行动：问题总是出现，重重困难阻碍了你迈向成功的脚步。现在，你该怎么办呢？

我们不妨把你的生活同一架从悉尼飞往东京的飞机进行比较。这是一段漫长的海上飞行，每星期都有上千人登上飞机但没人认为自己最后到的地方不是东京。

如果有人告诉你在95%的飞行时间里，飞机都将是偏离航道飞行的，事情又将如何？也就是说，如果没有人控制，飞机几乎刚起飞就偏离了航道。不过，飞机是由飞行员负责方向的。飞行员有着明确的目的地——东京。他清楚飞机会被气流吹得偏离航道，所以他监控着飞机的飞行方向，不时地进行调整，最后仍然到达目的地东京。

生活就像那在大洋上空飞行的飞机一样，经常置身于交叉气流和风之间，随时会被吹得偏离航道。事情永远不会百分之百地像我们预计的那样发展，所以我们要学会做成功道路上的“飞行员”，不断调整方向以抵达最终的目的地。

要知道，成功者并不是一开始就站在了正确的起点上，找到了成功的方向，他们也是在不断的实践中调整自己的方向，最终发现了通往成功的道路。歌德用了差不多半生的精力学画无成，他面对人生的不断碰壁，及时调整了人生目标，在文学道路上取得了一番成就。孙中山青年时悬壶行医，最后发现治一人并不能救社会，于是转而投身革命，历经艰辛，终于成就了令世人敬佩的伟业。

因此，我们要在实践中发现自己，尽可能多地尝试各种各样的发展道路，不断根据实践反馈调整对自己的认识和判断。让我们再来看看下面这个成功故事。

马克·汉森所经营的建筑业项目彻底失败了，因此他不得不宣告破产。

在后来的日子里，很多人都希望听到的是马克如何令人惊讶地重返建筑业，重新创业并一步一步爬上成功顶峰的令人欢欣鼓舞的故事。如果马克用一生的精力这样做，这又将是一个关于恒心和毅力的传奇故事。这类故事很多，但是马克并不是这类故事的主人公。

马克彻底退出了建筑业，忘记了有关这一行的一切知识和经历，甚至包括他的老师——著名建筑师巴克敏斯特·富勒。马克决定去一个截然不同的领域创业。他很快就发现自己对公众演说有独到的领悟和热情，并且他很快就发现这是个很容易赚钱的职业。

一段时间之后，马克成为一个具有感召力的一流演讲师。他的著作《心灵鸡汤》和《心灵鸡汤Ⅱ》双双登上《纽约时报》的畅销书排行榜，并在榜上停留数月之久。

实际上，真正聪明的人在关键时刻总会放弃无谓的固执，冷静地分析每一个问题，审慎地运用智慧，做最正确的判断，选择正确的方向，并及时检视选择的角度，适时调整。

有些事情，你做了很大的努力，并为之坚持不懈，苦苦劳作，但最终如果你发现自己走向的是一条死胡同，一面墙，这个时候就需要你能够退出来，重新研究，寻找对策。目标不能达到时，就去开发别的项目，寻找新的机会。

在人生的道路上，我们要常常看看手中的地图，检查一下自己是否还在向着正确的方向前进，如果不是，那就及时做出必要的调整。在陷入泥潭时，要及时爬起来，远远地离开那个泥潭；上错了车时，要及时下车，坐正确的车子。

成功就是要找准方向

周　礼

那年，他怀揣梦想，辞去了让人羡慕的“铁饭碗”，开始了艰难而漫长的创业之路。首先，他想到了贩羊，因为他听说湘西、常德和贵州一带的羊比较便宜，一头就能赚二十多块钱，差不多能顶一个月的工资了。于是，他筹集了一笔资金，迫不及待地前往那些地方收羊。正当他兴高采烈地将一车羊拉回来时，当地的羊肉价格却跌了，他只得低价卖出，贩羊之梦就此破灭。

那时正值改革开放初期，各类市场均未成型，他就像一只无头苍蝇，听说哪里能赚钱，就往哪里跑。随后，他做起了白酒生意，他满以为这次能够淘到第一桶金，但现实就是那么残酷，辛苦的付出，并不一定有超高的回报。这次他的运气仍然不佳，产品销量极差，不久便关门大吉了。

面对挫败，他毫不灰心，没过多久，又做起了玻璃纤维生意，但由于缺乏经验，他的创业之梦再次夭折了。此时，他才真正意识到什么叫隔行如隔山，他在大学里学的是材料学，最精通的是各类材料和机械，其他方面并不在行。所谓“吃一堑，长一智”，经历了这几次创业失败后，他汲取了教训，决心充分发挥自己的专长，从最熟悉的领域做起。

经过一番调查分析，他发现一种有色金属焊料在市面上十分稀缺，凭着敏锐的嗅觉，他断定其中一定大有作为。有了目标，接下来就是如何实施。当然，创业最缺的就是资金，但这并没有难倒他，他从亲戚朋友那里借了六万多块钱，还拉了几个合伙人，风风火火地成立了一家焊接材料厂。说是材料厂，其实只是一间阴暗潮湿的地下室，但这丝毫没有影响他的创业激情。他和几个技术工废寝忘食，没日没夜地工作着，他们通过上百次调整配方，数十次改变工艺，终于研制出了第一项产品——105 铜基焊料。

胜利似乎就在眼前，他赶紧将第一批产品寄给辽宁的一家工厂，但让他做梦也没想到的是，第一批货很快就退了回来，原因是质量不达标。为了不让大家的心血付之东流，他马不停蹄地赶往母校，请来一位专家现场指导。功夫不负有心人，产品的缺陷终于得到了解决，随后订单滚滚而来，他的事业渐渐步入了正轨。

初战告捷后，他并没有被胜利冲昏头脑，而是开始思索如何走出去。他注意到当时国家正在大力发展基础建设，需要大量的机械设备，于是，野心勃勃的他转向了一个连国有企业都不敢做的行业——重工制造，并提出了“创建一流企业，造就一流人才，做出一流贡献”的口号。这次他又成功了，产品远销许多国家和地区，成为中国最大的工程建设机械制造企业之一。

他就是“三一集团”的创始人梁稳根，《财富》杂志 2012 年将其列为中国最具影响力的 50 位商界领袖之一。从一穷二白的机械厂工人到内地首屈一指的富豪，梁稳根只用了短短二十余年的时间，由此可见，选对方向对于人生具有多么重要的意义。

↘

为自己选择双脚

沈岳明

1999 年，一个小男孩在得克萨斯州出生了，他的名字叫科迪。这是个十分普通的家庭，科迪一生下来，他的父母便惊奇地发现，他没有双脚。医生发现，科迪患了一种非常罕见的骶骨发育不全症，两腿生来便没有胫骨。

医生说，科迪很难活下去。因为患有此症的儿童，通常会出现肾脏病变等一系列问题，从而导致性命不保。如同医生所料，科迪也未能幸免。在科迪刚刚生下的第 3 天，他就接受了 15 项手术治疗。在接下来的两年内，科迪先后患上了诸如髋关节脱臼、胃痛、呼吸困难和哮喘等疾病。

科迪的左腿缺少一块胫骨，而且没有膝盖，腓骨也无法支撑起他的腿，因此他的腿不能弯曲。当科迪坐着的时候，他的右腿便只能蜷缩在一边，而他的左腿虽然看上去没有问题，但也不能正常弯曲。看到孩子一生下来就遭到这么多病魔的折磨，不能像其他孩子一样过正常的生活，科迪的父母看在眼里，疼在心上。虽然万分难过，但他们仍然相信，科迪会好起来的。

身体上的问题还不是最重要的，最重要的是心理上的问题。随着科迪一天天长大，他也渐渐地明白了自己与别人的不同。当他看到别的小孩都能自由地跳跃玩耍，而他却只能坐在轮椅上时，他便会很难过。他常常一个人躲在小房间里发呆，还羞于与任何人相处。这时，科迪的母亲就会忍不住自己伤心的眼泪，跑到一边去痛哭上一场。

突然有一天，科迪的父母打听到，有一家儿童医院可以为科迪安装假肢，便高兴地将科迪带了过去。在医院里，望着各种各样的假肢，科迪的父亲说："孩子，你看到没有，这里有这么多的脚在等着你来挑选呢！你真是个幸运儿，别人都只有为自己挑选鞋子的机会，而你却能为自己挑选双脚！"

科迪天真地问父亲："真的吗，我真的是一个幸运儿吗？"科迪的父母点了点头。"那真是太好了！"科迪说，"我还可以为自己挑选双脚！"望着摆满了假肢的柜台，科迪高兴极了。

从此，科迪就可以用他自己挑选的脚来走路去幼儿园了。可是，刚刚装上假肢的时候，科迪总是疼痛难忍。科迪的父母便鼓励他说："别人只有一双脚，而你却拥有几双，甚至是无数双脚，肯定需要付出一些疼痛作为交换的代价。”科迪懂事地点了点头，从此，他再也不喊疼了，每天坚持用假肢走路几小时，有时还能达到十几个小时。

慢慢地，科迪不但能灵活地用假肢走路，还对各项体育活动产生了兴趣。于是，科迪也想跟其他小朋友一样，去参加各种体育活动。科迪的父母犹豫了，他们担心孩子受不了那个苦。可是，科迪却反过来安慰父母说：“放心吧，你们不是说我是个幸运儿吗？别人只能挑选适合自己的鞋，而我却能够挑选适合自己、还适合各种体育运动的脚呢！”说完还调皮地冲父母眨了眨眼睛。

从此，科迪不但穿着假肢去练习跑步、游泳、踢足球、打高尔夫球和冰球，他还学习攀岩、驾独木舟，甚至学习驾驶飞机。另外，科迪还加入了体育协会，这意味着他有机会去许多地方参加比赛了。

2008 年，科迪在 60 米短跑比赛中取得了 20.03 秒的成绩，在 100 米短跑比赛中取得 33.41 秒的成绩。作为双腿残疾的人，他与其他单腿残疾的 9 岁运动员所创造的纪录相比，只差了五六秒。这样的成绩令所有人惊叹不已。此外，与 9 岁残疾运动员纪录保持者相比，科迪 2008 年在自由泳和仰泳比赛中，仅靠两只手臂也取得了骄人的成绩。

为了回报帮助过自己的人和医院，科迪还通过参加各项体育活动，为提供其假肢的儿童医院募集了 95000 美元的捐款。科迪不但走出了自己伤痛悲观的世界，还成了美国家喻户晓的小英雄。希望与他见面交流的人络绎不绝，包括那些在战场上负伤后成为残疾人的士兵。科迪说，他长大后要做一名医生，为更多的像他这样的残疾人看病。他还希望有一天能够同美国泳坛明星菲尔普斯，以及美国残奥选手鲁迪·加西亚·托尔森进行游泳比赛。

如今，假如有人对科迪的遭遇报以同情的问候，他总是这样回答："不，我觉得自己非常幸运，因为别人只能为自己选择鞋子，而我却能为自己选择双脚！"

在现实生活中，我们总会遇到各式各样的问题。其实，每件事情都有两面性。同一个问题，只要换个角度看，就会有截然不同的效果。面对挫折时，换个角度看，也许会改变整个人生。

↘

做好人生的选择题

西　武

人生就是一道选择题。左还是右、A 还是 B 的选择，取舍时刻伴随着人生。从每天要穿哪一套衣服出门开始，你就在选择。因为你总不能光着屁股走出去吧——当然，光着屁股走出去也是你的选择。走哪条路上班，中午要去哪里吃饭，你都在选择……

在你有众多的追求者，考虑结婚的时候，到底是哪一位比较适合自己，需要选择；而在你找工作时也需要从多家企业中选择。以上所说的每一个选择有大有小，但每日、每月所有的选择，日积月累的影响不可低估。

选择了这个，也就意味着放弃了那个，不同的选择最终形成了不同的人生。研究成功学的学者们发现，很多人的成功或失败并不取决于他懂不懂什么才是最好的成功方法，真正起决定作用的是当时的选择和决定。也就是说，成功并不全在于方法，最关键的在于追求者的选择和决定。

一个选择对了，又一个选择对了，不断地做出对的选择，到最后便产生了成功的结果。一个选择错了，又一个选择错了，不断地做出错的选择，到最后便产生了失败的结果。想要有一个成功的人生，我们必须降低做出错误选择的风险，减少做出错误选择的概率。这就必须预先明确你人生中想要的结果是什么，这本身又是一个选择。

我们举个例子吧，在休闲的时候有很多人喜欢打麻将。其实打麻将就是按照麻将的游戏规则，确定该打哪一张牌，不断地做出各式各样的选择。做出正确选择的人一般是赢钱的人，做出错误选择的人便成为那个输钱的人。

大家必须明白，人生中的任何结果都是自己的选择带来的。有的人希望工作更顺利、更快乐，但他总是在做他不喜欢的工作。这是他的选择带来的结果，因为他明明可以换工作。有的人希望身体更健康、更强壮，但他总是说没有时间运动，导致身体虚弱。这也是他的选择带来的结果，因为他明明可以抽出时间来运动。

有的人希望家庭更幸福、小孩更听话，但他总是跟太太吵架、对小孩的学业不管不问。这也是他的选择带来的结果，因为他明明可以控制情绪、花时间教育小孩，但他不去做。有的人希望人际关系更好，但他总是说朋友少。这也是他的选择带来的结果，因为他可以多交一些朋友，但他不去交。有的人希望赚更多钱，但他总是抱怨收入不够多，他明明可以更努力地去赚钱，但他却不去努力，这仍然是他自己的选择带来的结果。

成功也是一种选择，因为你选择了奋斗，选择了坚持。而不做这个选择便是选择失败，所以失败也是一种选择。现在，你也来做几道选择题：你到底是要成功还是要失败？要快乐还是要悲伤？要富裕还是要贫穷？一旦做出选择，你的人生就开始改变。

也许你会问：“不做选择可以吗？”其实你已经选择了平平凡凡的一生，因为你原本可以选择光辉灿烂的一生。

第 2 辑

有一种力量叫不忘初心

你 离 梦 想 只 有 一 步 之 遥

生活的道路一旦选定，就要勇敢地走到底，绝不回头。

——法国作家 左拉

一个人可以非常清贫、困顿、低微，但是不可以没有梦想。只要梦想存在一天，就可以改变自己的处境。

——美国著名脱口秀主持人 奥普拉

↘

总有一个梦想值得我们付出一生

卓 文

奥黛丽·赫本于1929年5月4日出生于比利时首都——布鲁塞尔，赫本的父亲是英国人，是英格兰银行布鲁塞尔分行的总经理，母亲是荷兰驻圭亚那总督的女儿，是荷兰王室直系贵族血统的后裔。

赫本与生俱拥有来一种高雅的气质，同时，受家庭环境的影响，从小就养成了严肃认真的态度和坚强刚毅的性格，对于生活，她总是充满了激情。赫本的一举一动总是透露着一种贵族的气派，就像她的故乡布鲁塞尔一样，既有古老的神秘感，又兼具时代的美感。

从小，性格文静的赫本就非常喜欢音乐，尤其热爱舞蹈，对于赫本来说，看芭蕾舞剧是一种特别美好的享受。小赫本唯一的梦想，就是成为一名演员或芭蕾舞蹈家。

于是，赫本开始以芭蕾舞者的角度来审视自己的身体，对于自己眼睛与牙齿的不满，使得赫本非常的沮丧，甚至有些绝望。形体上的自卑，使得赫本越来越孤僻，经常郁郁寡欢。尽管如此，赫本的芭蕾梦却一直藏在心中，从未放弃过。

在赫本6岁的时候，父母的离异又让她觉得自己分外的不幸，但是她对芭蕾舞蹈的热爱丝毫没有消减，反而成了赫本的另一个精神支柱。

从9岁开始，小赫本终于开始了正规的芭蕾舞学习。她无数次暗暗地下定决心，一定要成为一名优秀的独舞演员。此时的赫本，全部的心思都集中在芭蕾舞的学习上，她那么认真、庄重，仿佛跳舞已经成了她生活的全部和毕生的唯一追求。

但是好景不长，随着1939年欧战的爆发，赫本跟随母亲来到荷兰，谁知，这个决定却导致赫本在战争时期一直艰难地生活在法西斯的铁蹄之下。战争的残酷，让赫本经历了贫穷而凄苦的流浪生活。由于战时的食品短缺，身高1.7米多的赫本，几乎瘦的只剩一副骨头架子。

但是，即便在如此恶劣的环境甚至残酷的战争中，赫本依旧坚持着对芭蕾舞蹈的执着。赫本曾经这样说过：“战争把人变成囚徒，无论从肉体上还是从精神上都是如此。我周围的同龄人很多，却没有志同道合的朋友，他们的想法和我不一样。我不知怎的，在枪炮和杀戮面前，始终坚守着自幼的梦想——音乐、芭蕾。”可见，对于赫本来说，芭蕾是值得她付出一生去追求的梦想。

战争结束后，赫本被母亲送到了白俄芭蕾舞教师索尼亚那里继续学习。索尼亚非常看重赫本，在老师的眼里，赫本的大眼睛、高颧骨是一个舞者具备的先天优势，加上赫本修长的双腿、宽宽的肩膀、纤瘦的躯干，完全是一个舞蹈家的好身材。除此之外，赫本还有着极好的舞蹈基本功。但是命运再一次跟赫本开起了玩笑：由于索尼亚老师对于芭蕾舞蹈的诸多见解得不到当时荷兰政府的肯定与支持，她经营的舞蹈学校被迫停办。

无奈，赫本只能回到伦敦，跟随当时世界著名的芭蕾舞老师玛莉·蓝伯特继续学习。赫本曾经很认真地问过玛莉老师，如果自己继续训练增强技艺，能否有机会成为一名首席女演员。玛莉老师言辞恳切地告诉她，虽然赫本是她最好的学生之一，但毕竟已经错过了练习芭蕾舞蹈的最好年龄，尽管她在训练中非常努力，但是已经定型的动作，基本上不会有任何改变。而且赫本 1.7 米多的身高，对于当时的所有的男芭蕾舞演员来说都太高了，他们没有足够的力量完成最基本的托举动作。因此，玛莉建议赫本选择第二女演员，同时也邀请她成为学校的兼职老师，以多一份收入。

这次的沉重打击让年轻的赫本忍不住惊声尖叫：“那我的梦想呢？怎么办？”

赫本后来告诉儿子：我永远忘不了那一天，当我回到宿舍，我甚至觉得未来毫无动力和希望，只想躺在床上等死。那个在战争与饥饿时支撑着自己的梦想一下子破灭了，消失不见了。

伤心过后，沮丧的赫本没有再去拜访其他的芭蕾舞老师，她听从玛莉老师的教诲，并从她那里学到了很多东西。虽然赫本最终没有成为最优秀的芭蕾舞演员，但是这个她从小坚持的梦想却为她开启了成功的另一扇大门。

每个人都应该有一个值得用一生去付出的梦想，赫本这种对于梦想执着追求与勇敢付出的态度，值得每个有梦想的人去学习。不管实现梦想的过程有多艰难，不管结果是否圆满，坚持、付出，我们终将有所收获。

↘

梦想是你戒不掉的品质

卓 文

梵·高是19世纪末20世纪初欧洲印象派绘画的主要画家之一。1853年，梵·高出生于荷兰的一个农民家庭。他的父亲是一位牧师，两位伯父都是美术品行业的商人，而梵·高在艺术上的启蒙就来源于伯父的商店。

小时候的梵·高长着一副并不俊俏的模样，性格、脾气都非常古怪。不爱与人交往却又特别容易动感情。在他身上，鲁莽任性与腼腆羞涩共存。

梵·高的一个伯父在巴黎和伦敦都有支店，有意让梵·高去继承他的生意。因为生意上的事情，梵·高去了巴黎与伦敦。他是个非常勤勉的青年，那时候的他前途远大。但是，由于后来个人生活上的挫折，梵·高对工作渐渐失去了兴趣，变得日益沮丧，觉得生活失去了希望。

直到 27 岁，他正式开始作画，并立志要当一名农民画家。

人一旦拥有了梦想，便觉得生活有了意义。梵·高全身心的投入了绘画创作中，他早期的以《吃土豆的人》为代表的很多画作，描绘的就是农民的贫困生活。后来，梵·高来到了巴黎，接触到了印象派，便将风景画与城市下层人民的生活作为绘画的主体。他的画作，与其说是意识形态内的宣传，不如说是为了表达他自己的内心。

但在当时，好多人不理解梵·高的画，这也就注定了他一生的凄苦与漂泊。由于生活与感情上的挫败，梵·高将绘画的主体扩展到了自己的自画像，他用大胆的笔触与用色，宣泄着自己内心的情绪。

梵·高的一生是苦难的，终其一生也没有几个朋友。生活的困苦加上长期的过度劳累，使得他的精神变得脆弱不堪。即便如此，画画依然是他戒不掉的梦想，他曾经像野狗一样，一个人到处流浪学习绘画。

后期，梵·高的精神病经常发作，他曾被送往疯人院，甚至监狱，但是不管在什么地方，他都能把房间当作自己的画室，继续大量的作画。病魔在不停地折磨着这位伟大的艺术家，但他却在一次次地进行着生命中的最后冲刺！

虽然梵·高终其一生只卖出过一幅画，但是在他去世之后，世人却给予了他各种荣誉。也正是这样，这位用尽生命创作、疯狂追求梦想并坚持不懈的艺术家才没有世俗的做作！

林语堂说过："梦想无论怎样模糊，总潜伏在我们心底，使我们的心境永远得不到宁静，直到这些梦想成为事实才止；像种子在地下一样，一定要萌芽滋长，伸出地面来，寻找阳光。"而梵·高虽然没有见证自己梦想成真的事实，但却用一生诠释了梦想的力量，这是一种无法被抛弃、被戒掉的品质。这也应该是我们每个人应该具有的品质。

遵从自己内心的选择

卓 文

有个著名的心理学家说过："只要是遵从自己内心所做出的选择，你一定会比任何时候都努力，因为你想用行动去证明，你的选择是对的。"

这句话用在一个转型做赛车手的女护士身上十分合适。她就是荣盼盼，辽宁省某车队的唯一女性职业赛车手。无论在哪场比赛中，荣盼盼的身影都格外引人注目。因为和大多数男车手相比，她的年龄和体型都显得格外特别，清秀的脸上甚至还有稚气未脱的痕迹。

谁也不可能想到，在成为一名专业的赛车手之前，荣盼盼竟然是一名救死扶伤的护士。从白衣天使到赛车手，身份上的巨大转变，让荣盼盼不管走到哪里都是一道亮丽的风景线。2014年，荣盼盼已经30多岁了，在她6年的驾龄中，已经包含了3年的赛龄，这对一个赛车手，尤其是对于一个半路出家的女性赛车手来说，已经是相当的不易了。更值得一提的是，在此之前，她在内蒙古、山东等多个地方参加过的国内汽车场地越野赛也都表现不俗，好几次都是名列前茅。

很多人会好奇，是什么原因让荣盼盼放弃温文尔雅的白衣天使，转身成为一个潇洒豪放的赛车手呢?

荣盼盼在一次采访中回答了这个问题。她说，在开始赛车之前，她从来没有真正地离开过自己的生活、工作、城市，当时觉得生活就应该是这样，虽然有些单调无趣，却也算得上岁月静好，现世安稳。但一次机缘巧合之下，她参观了一场汽车比赛，并勇敢地尝试了一把，此后便下定决心辞职，毅然决然地走上了职业赛车手的道路。

这对于她来说，是一次遵从内心的选择与决定。荣盼盼说道："现在的我基本上全国各地跑，虽然有苦有累，但是至少我遵从了自己的内心。"

与男车手们相比，荣盼盼最大的优点就是心思细腻，心态也很放松。对于她来说，比赛的原则就是安全第一、比赛第二、成绩第三。因为作为一个母亲，她觉得如果出了安全事故是无法向家人交代的。也或许是有着这样淡定乐观的心境，她的参赛表现都非常优异。

荣盼盼曾经说，一个不翻车的车手，永远都不会是个好车手，也就更不可能成为冠军车手。她所在队的成员，几乎都得到过冠军，但也都经历过翻车的魔咒。所以在赛场上，保持平和的心态比什么都重要。因为赛场的情况瞬息万变，一丁点的失误都可能酿成大祸。

“我不是一个称职的母亲，但绝对是个称职的赛车手”，这是荣盼盼对自己的评价。虽然在职业赛车手的道路上，荣盼盼也遇到了很多的问题，挥洒了很多的泪水与汗水，但是对于她来说，这些都是应有的付出，而她也从来不曾后悔。

生活中，很多人都会面临不同的选择难题，只有认真地去聆听自己内心的声音，才能做出最忠于内心的抉择。只有忠于内心的选择，我们才能更有动力去实现它，方能做到落棋无悔，不留遗憾。

↘

征服高山首先征服自己

沈岳明

拉斯顿出生在美国一个贫民家庭，两岁时因患小儿麻痹症，他的左腿萎缩得比右腿小了很多。在学校里，同学们的好奇心使他们对拉斯顿做出了一些连老师都无法预料的事。他们会拉着拉斯顿的手，硬要将他拉离座位去操场上玩耍，看到拉斯顿一瘸一拐的样子，他们会哄堂大笑。拉斯顿对母亲说："我再也不去学校了，他们都取笑我，谁让我是个瘸子呢，我就是在家里待一辈子也不去学校了。"

母亲无奈，只得去学校找老师帮助。最后，在老师和同学们的保证下，拉斯顿才肯让母亲背着他继续上学。从此，同学们再也没人敢将拉斯顿拉离座位，拉斯顿虽然也很羡慕在操场上自由自在地奔跑跳跃的同学们，但时间一长也就习惯了。他是全校唯一可以不参加体育课和劳动课的学生。

新来的体育老师比尔原来是体校的教员，还是一位登山爱好者。他决定带同学们去攀登学校后面那座海拔 1000 多米的高山。当他看到拉斯顿一个人留在教室里的时候，便走过去，拍了拍拉斯顿的肩膀，问他为什么不去爬山。拉斯顿不相信自己的眼睛似的看着比尔老师："您是说让我去爬山？"一个连平路都没有走过的腿脚不好的孩子，要他去攀登一座海拔 1000 多米的高山，就算拉斯顿同意，恐怕他也办不到，拉斯顿的母亲和学校的校长老师们也不会让他去冒这个险。可是比尔老师的目光竟是那样坚定："是的，我不会让我的任何一位学生缺课。"拉斯顿的眼里充满了泪水："可是老师，我的腿……"比尔老师丝毫没有让步的意思："这不是理由！"

拉斯顿绝望了。他想不明白这位新来的比尔老师为什么一定要跟他过不去。他愤怒地从座位上站了起来，刚向前迈出一步，他便感到了来自左腿钻心的疼痛。拉斯顿又重重地跌坐在了椅子上。可比尔老师的目光依然定定地盯着他："请站起来！"看来，今天比尔老师是不会放过拉斯顿了。拉斯顿咬着牙，再次站了起来，他的脸上不知是泪水还是汗水，稀里哗啦地流了下来。拉斯顿憋了满腔怒火，开始往前迈步，一步，两步……站在一旁的同学们也都为他揪着一颗心，有人试图用手去搀扶拉斯顿，却被比尔老师用目光挡了回去。拉斯顿歪歪扭扭地走出了教室，扑通一声摔在了操场上。

拉斯顿终于哭出了声："不，我不行的，连路都走不稳，怎么能去爬山呢，我求求您，比尔老师，还是让我回到教室里去吧……"同学们很快将拉斯顿扶了起来，但比尔老师并没有答应让拉斯顿回到教室里去，而是盯着他的眼睛问："拉斯顿，你难道不想站在高山顶上看一看远方的风景吗？"

拉斯顿突然安静了下来。是的，他做梦都想站在那座高山之巅，远眺山那边的景象。可是，他看了看自己那条不争气的腿，又低垂下了脑袋。最终，拉斯顿在同学们的搀扶下来到了山脚下，但再也无法往上爬一步了。同学们一个个像小老虎比赛似的往山上爬，比尔老师没有跟同学们一起爬山，他自始至终陪伴在拉斯顿的身边。

那次爬山后，拉斯顿躺在床上两天不能下地。这件事也惊动了拉斯顿的母亲和学校的领导，学校决定开一次全校师生大会，并给比尔老师记大过一次。就在校长准备念记过书时，拉斯顿意外地站在了校长的身后。人们惊讶地发现，拉斯顿竟在无人搀扶的情况下爬上了高达 12 级台阶的演讲台，拉斯顿的母亲更是惊得从椅子上站了起来，半天说不出话。拉斯顿在全校师生面前，慢吞吞地说："我不同意给比尔老师记大过，因为他没有错。不信，你们看，我现在不用人扶也能走路了，并且还爬上了 12 级台阶的演讲台。"

全场顿时掌声雷动。最激动的还数拉斯顿的母亲，她流着泪，用力地拍着巴掌。

原来，比尔老师那天在山脚下还跟拉斯顿说了很多话。比尔老师首先将自己一条腿的裤子卷起来，呈现在拉斯顿眼前的是一条令人触目惊心的疤痕。比尔老师说："其实我与你的经历差不多，三岁那年，一场车祸让我这条腿变成了残废。如果那时，我跟你目前一样消极地对待它，那么我就永远站不起来了。我的家境不好，父母没钱交医药费，所有人都认为我长大了肯定是个残废，但是我的妈妈说，'不，我的儿子不会残废的'。我的妈妈每天都坚持让我下地走路，还带我去爬山。现在，你看看，我的腿有多棒！"比尔老师边说，边笑着在原地跳了几步，以此来证明他那条腿跟另一条腿没什么区别。拉斯顿看呆了，他的身边从来没有人对他说过这样的话，他感受到了一种从未有过的震撼，突然间，他对自己的左腿有了信心。

接着，比尔老师说："拉斯顿，我仔细地观察过你的左腿，我知道它的问题并不严重，之所以无法下地走路，完全是因为你的心里早已将它当成了一条残腿。现在，只要你能冲破心理的障碍，终有一天，你也能攀登眼前这座高山，今天我之所以要将你带到这座山的跟前，就是想让你看清对手的模样，你只有先战胜了自己，才能战胜眼前这座高山，将它踩在你的脚下！因为你的人生还很漫长，还有更高的山等着你攀登，还有更远的路等着你跋涉……"

从此，拉斯顿再也没要母亲背过，他先是拄着拐杖，昂首挺胸地走在路人复杂的目光里。后来，他慢慢地放弃了拐杖，尽管每走一步都钻心的疼痛，但他没有放弃，因为他的心里有一个梦，那就是登上学校后面那座海拔 1000 多米高的山顶！由于他每天坚持自己走路，坚持参加广播体操和各种体育活动，结果那条腿很快就充满了活力。一年后，在比尔老师的带领下，拉斯顿爬上了学校后面的那座高山。极目远眺，一个更大的理想在拉斯顿的心里膨胀，那就是征服全世界的高山……

拉斯顿如今已经成了世界著名的登山运动员，他已经征服了包括安第斯山在内的 50 座海拔超过 4300 米的高山。

其实，人生最难征服的就是自己。一个人只有征服自己，才敢于直面世界，直面人生，才能活得坦然，活出幸福，人生才能有更大的收获。

兴趣是最好的老师

彭忠富

漫画家丰子恺，年幼时极有绘画天赋。七八岁时，他在父亲创办的私塾读书，学《千家诗》。诗歌还没有背诵多少，他反而对书籍中的诗歌插图产生了兴趣。《千家诗》每页上有一幅木版画，第一幅就是《大舜耕田》，丰子恺觉得图画比诗句还有趣些。

丰子恺家是开染坊的，不缺颜料。他找染匠讨了些颜料，分别融化在小盅里，用毛笔蘸颜料为书上的人物画着色。那时的书纸很薄，颜料涂在上面的纸上，往下渗透了好几层。丰子恺颜料笔吸得饱，透得深，等着好色后翻开书一看，下面七八页上都有《大舜耕田》的图案。第二天上课，丰子恺父亲发现了他的杰作，差点就用戒尺抽打他的手心。好在母亲心疼他，怕他吃不消，苦苦求情，总算挨过了这一关。丰子恺呜呜咽咽地哭了一顿，把颜料盅子藏起来。晚上等到父亲上鸦片烟馆去了，他就又拿出颜料盅子，叫丫鬟从店堂里偷拿了一些煤头纸来画画。母亲、姐姐看了他的画作，都说好！

《千家诗》上面的图案描摹得差不多了，他又从父亲的藏书里找出一部人物画谱，整日操练，对于线条和着色都颇有心得。十二三岁时，丰子恺已经将这本人物谱上的图案都全部描摹、着色了一遍。虽然着色所用的颜料仍然是染坊的，但是他在画画的实践中，已经逐渐学会了调配颜色的浓淡、深浅等，在画上可以施以各种复杂、华丽的色彩。同学们看了都很喜欢，说比书本上的原画还好看。大家纷纷向他讨画，有的拿去贴在灶间里，当作灶君菩萨；或者贴在床前，再写上一句座右铭，用来勉励自己上进。

那时丰子恺在私塾作画，都是暗中进行的，根本不敢让私塾老师知道。父亲去世后，他换了另外一家私塾，因此要在私塾画画，还得动番脑筋。先生坐在案桌边时，他就把画具和画藏好，摇头晃脑、装模作样地跟先生课读。等到下午，朋友请先生去外面吃茶时，丰子恺就开始画画了。丰子恺先一幅幅地描出来，然后一幅幅地涂颜料。同学们便像看病时挂号一样，依次认定自己想要的画。当然也有润笔费，不过都是一些自己制作的玩具或者土产。有一次，两个同学因为交换一张画，竟然大打出手。先生知道后，严加审问，知道是丰子恺画的，非常吃惊，但并没有责骂他。先生只是把人物画谱拿去了，一张张地翻看，最后翻出画谱中的孔子像，要求丰子恺画一张大一些的。丰子恺非常高兴，在姐姐的指导下，利用方格子将画谱中的孔子像在纸上同步放大，着上颜色，一个鲜明华丽而伟大的孔子像就呈现出来了，大家都说好。先生拿到后，非常满意，当即粘贴在私塾堂名匾下的板壁上。学生们每天上下学，都要对着孔子像行礼膜拜。从此，丰子恺成了乡邻中的小画家。他倍受鼓舞，更加喜欢画画，最终成为一位知名画家。

现在看来，丰子恺能成为画家，跟儿时家人、同学和先生的鼓励分不开。由此可见，兴趣是最好的老师。

↘

最初的决定

周　礼

有人说，成功就是在正确的时间里做出正确的决定。

十岁那年，他有一个梦想，那就是成为一名歌唱家。在音乐方面他有着得天独厚的条件，不仅嗓音好，而且还有极强的乐感，更重要的是他喜欢唱歌。一天，他将自己的想法告诉了父母，希望他们能为自己买一把吉他，并请一位音乐老师。父母听后立即反对说："唱歌能有什么出息，再说你也不一定能成为歌唱家，你看现在有明星梦的人那么多，有几个能成名啊！与其做白日梦，不如把时间用在学习上，等将来考上大学，你想干什么就干什么。"在父母的劝说下，他放弃了自己的想法，进了一个课外辅导学习班。

十八岁那年，他高中毕业，打算报考体育院校，将来做一名篮球运动员。在体育方面，他有着一些过人之处，不仅人长得高，而且身体灵活，在学校举行的历届篮球比赛中，他都是最出众的一个。一天，他将自己的想法告诉了同学，谁知同学听后嗤之以鼻地说："你以为你是姚明啊，就你那点儿水平，不知要奋斗多少年才能修成正果，再说每天训练那么辛苦，你确信自己能吃得消吗？"在同学的劝说下，他动摇了，最终填报了一所信息技术学校。

二十二岁那年，他大学毕业，本来他想去沿海一带发展，成为一名 IT 精英，谁知求职不顺，连连碰壁，一连几个月都没有找到满意的工作。于是他决定进一步深造，报考研究生，以提高自己的竞争力。一天，他将自己的想法告诉了几位要好的网友，其中一位网友听后说："这样做不划算，等你研究生毕业，恐怕市场需求又提高了，倒不如现在去考公务员，既清闲又体面，收入也比较稳定，将来说不定还能混个一官半职。"在网友的劝说下，他动摇了，最终放弃了考研的念头。

三十岁那年，他厌倦了办公室的枯燥生活，决定辞职下海。同事劝他说："你要考虑清楚，千万不要一时冲动，外面的世界并没有我们想象的那么美好，要学会知足常乐。"这一次，他没有听同事的，而是果断地离开了单位。他觉得自己一生中错过了太多的机会，如果当初坚持走音乐之路，或许现在自己已经是一位著名的歌唱家了；如果当初报考体育院校，或许现在自己已经是一位小有成就的运动员了；如果当初选择进修，或许现在自己已经是某个公司的核心人物了。这一次，说什么也不能放弃，哪怕只有百分之十的成功率，他也要放手一搏，免得将来后悔。

很快他成立了一家信息科技公司，刚开始手下只有几名员工，生意也并不怎么好，但他相信自己的决定是正确的，只要坚持下去，将来一定会实现自己的梦想。果然，经过十多年的努力打拼，他的公司在香港成功上市。每每忆及往事，他感慨万千，如果最后不坚持自己的想法，或许现在他还过着空虚无聊的生活。

原来，在做出一个决定之前，我们有一千个理由来支持自己，但当我们放弃时，同样有一千个理由来安慰自己。成功者都有一个共同的特点，虽然他们会尽量听取别人的意见，但从不轻易否定自己的想法。当走过人生的大半后，人们往往会发现，曾经的许多想法都是正确的，只是当时自己不够坚定，没能坚持到底。

↙

有一种力量叫不忘初心

卓 文

有一只快乐的蜗牛，每天早晨起来，它都能尝到最甘甜的露水，对于它来说，这是生命中最幸福快乐的时刻。

有一天，小蜗牛的妈妈对它说："孩子，在很远很远的地方有大海，还从来没有一只蜗牛看见过大海呢，但这却是所有蜗牛的梦想。"

小蜗牛问妈妈："那为什么所有的蜗牛都没见过大海呢？我能见到么？"

妈妈回答它："因为大海太远了啊，不会有蜗牛能够看到的。"

小蜗牛不相信，它在心里默默地下定决心：我一定要看到大海，这是我的梦想！

于是，小蜗牛背着自己的梦想出发了。

但是，追求梦想的道路真是很艰难，小蜗牛吃了很多的苦头。

在路上，它遇见了很多跟它一样追寻大海的小伙伴，它们有的艰难前行，有的已经放弃。

乌龟先生看到小蜗牛，心疼地对它说："小蜗牛，你快停下来吧，你再坚持下去可是会丧命的啊！"

小蜗牛突然明白，原来，在追求梦想的道路上，阻碍自己的不光有困苦与磨难，还有那些"善良人"，他们的一句"为你好"或许比这千难万险更难以跨越。但是小蜗牛坚持住了，它继续勇敢向前，忍受着孤独与寂寞。

小蜗牛始终铭记着自己的梦想，努力地向前走啊走啊，终于有一天，它看见了一缕缕的蓝色光芒，那里仿佛闪烁着无数的小星星，别人告诉它，那里就是大海。

在追寻梦想的道路上，我们也会像小蜗牛一样，遇到很多的困难与干扰，只有不忘初心，才能走到远方。和小蜗牛一样，在奋斗的路上，人们会遇到各种难题，只有始终不忘自己心中的梦想和目标，才能避免误入歧途。

寺院准备扩建殿堂，住持命令两个弟子去把院子里的一颗珍贵的银杏树移栽到别的地方。

于是，两个小和尚就来到树前，开始挖坑移树。但是刚干了一会儿，一个小和尚的铁锹把坏了。他跟师兄说："师兄，我的铁锹把坏了，你等我一下，我去修一修，回来再继续挖。"师兄说："你可以先换一把，等咱们把树移完再去修也不迟。”小和尚说：“那怎么行呢，我现在就去修，很快会回来的。”

于是，小和尚直奔木匠铺，想向木匠借斧头用。但是很不巧，木匠的斧头前几天砍东西的时候弄坏了。木匠想用菜刀替小和尚修铁锹把。但是小和尚说：“那怎么能行呢，菜刀修得太慢，而且也不好修理，我还是先去找铁匠帮你修斧头吧！”于是，小和尚又带着斧头去找了铁匠。没想到，铁匠的木炭用完了，也没有办法帮他修斧头。于是，小和尚又放下斧头，进山去找烧炭人，可烧炭人又因为一直找不到牛车运木材，已经好多天没有烧炭了。于是小和尚又去找运输木材的车夫，不巧的是车夫家的牛生病了……好几天过去了，小和尚还没回去，当大家找到他的时候，发现他正带着草药匆忙的赶往车夫的家里。

生活中不乏这样的“小和尚”，本来要做的事情是A，却一门心思地忙碌着B，把A抛诸脑后。在兜兜转转里，完全忘记了最初的目标。

在生命的过程中，最初的梦想便是我们的宝贵自我，没有了它，生命也会失去它的意义所在。有一种力量叫作不忘初心，它将始终支撑我们在生命的长河中不断追寻与进步。

↘

没什么能阻挡你的热爱

卓 文

不要害怕你的明天会怎么样，找到你喜欢的事，然后一直做下去，从中得到的乐趣会让你的人生美好快乐、多姿多彩。

27 岁时，摩西奶奶嫁给了与她在同一个农场上工作的托马斯·萨蒙·摩西。她养育了十个孩子，挤牛奶、擦地板、装蔬菜罐头等杂事就是她那时生活的全部。然而，她 76 岁时在家里的壁炉遮板上画下了她的第一幅画，从那时起她的传奇人生就拉开了帷幕。

摩西奶奶作为“农夫的女儿”、“工人的妻子”、“孩子们的母亲”，艰难地维持着生计，如果我们不知道她的心态和故事，只是单纯地看这个人的身份和境况，就好像要被这样的生活压得喘不过气来，然而摩西奶奶有她的一份热爱——画画。摩西奶奶不因画画取得怎样的成就而开心，这个可爱的老太太就是单纯地对画画有一份热爱。

在摩西奶奶的随笔中有这样的话：

“我从镜子里看到了我布满皱纹的脸和我干枯的手臂，我确实是老了，生活带走了我生命中很多东西，也带走了我的健康和我的青春。

但是呢，生命又好像是最奇妙的旅程。我现在就快要走到我的终点站了，往前的路我不知道还有多远，但是回头看看我这一生，不得不说的是——人生真是既梦幻又奇妙。

在我的画被越来越多的人喜欢后，有很多人问我在画画方面取得的成就是不是让我很开心。坦白地说，我确实是很开心的，但是让我开心的却不是我的画被卖出，而是感觉我能够做着自己喜欢的事情，这才是让我快乐的根本。

我的一生平淡无奇，也不知道怎样来说我的人生感悟，或能否给年轻人一些启示。很多人真挚地问我有关于人生的一些问题，我也不知如何说起。但我在刺绣的时候，我确实是因为喜欢才去做；在我给孩子们讲故事的时候，我也是因为爱看孩子们天真纯洁的笑才去做这件事情的。

做什么事情不是关键，关键在于我们在做这样的事情时是不是感到幸福和快乐，是不是喜欢和热爱。如果我的画一幅也没有卖出去，也没有人喜欢，甚至没有人看，我也还是会接着画——画我的孩子们，画傍晚天空彩色的云，把值得我记录的都画下来。

我经常向来信的年轻人回信说：不要害怕你的明天会怎么样，找到你喜欢的事，然后一直做下去，从中得到的乐趣会让你的人生美好快乐、多姿多彩。”

数十年如一日的、平凡得像杯白水的生活，都没能阻挡这位可爱的奶奶对画的热爱。那么，当我们在生活中苦苦挣扎满腹牢骚，过着可悲的生活时，你可以想想有什么是你所热爱的，然后去追寻它，就像渴望开放的玫瑰花，在被摘下来插到瓶子时也依然会尽情绽放。

做自己喜欢的事，上帝会为你敞开大门

卓 文

做你喜欢做的事，上帝会高兴地为你打开成功之门，哪怕你现在已经 80 岁了。

摩西奶奶的一生可谓是个传奇，在我们的认知中，她以“一只脚迈进棺材”的年龄，开始迸发出无穷尽的活力。一般来说，这个年龄的人，几乎都已经被剥夺了创造力和想象力，苦恼地开始生命的倒计时，就像是一棵秋风中飘零的树，黯然神伤地等待着冬天的到来。

据说，日本著名作家渡边淳一也是在摩西奶奶的鼓励下开始文学创作的。

据说，在摩西奶奶出名后，人们看到她的故事便会慢慢开始反省自己，她经常会收到来自世界各地的情感信件。19 世纪 60 年代，摩西奶奶收到了一封署名为春水上行的信，他在信中诉说着自己苦恼的生活，这个叫春水上行的日本青年，从小就喜欢文学，可是他从大学毕业后，一直从事医生工作，他感到无比的郁闷。他已年近三十，但是，他一直在为是否要放弃这稳定却不喜欢的工作做着激烈的思想斗争，在他看来在这个年纪放弃稳定的工作和收入去追逐梦想无疑风险太大。

摩西奶奶立即向这个虚心向她请教人生问题的年轻人回了一张明信片，上面画了一个谷仓，并写了一句话：“做你喜欢做的事，上帝会高兴地为你打开成功之门，哪怕你现在已经 80 岁了。”

这个年轻人在摩西奶奶的激励下走上成功之路，他就是后来在世界文坛都享有盛誉的日本著名作家渡边淳一。他著有 130 多部作品，被誉为日本的“情爱文学大师”。作为中国的读者，你可能知道他那本著名的《失乐园》。他非凡的天赋和创造力为他赢得了无数荣誉，而当年，他也曾对自己是否能成为作家心存疑虑。

与渡边淳一不同，现实中很多人会因为没有坚持自己的爱好而与成功失之交臂。下面这个孩子的故事是真实的。

我有个表弟，从小有表演天分，看罢一场电影就能够过目不忘，还能将剧中人物学得惟妙惟肖，高考时大家劝他报考电影学院或戏剧学院。可他怕自己不行，觉得如果报考人才济济的艺术院校肯定名落孙山，就报考了一所普通大学。结果因学非所爱，一直郁郁寡欢，毕业后的工作也不如意。表弟的父亲是从远洋轮上退休的老船长，他长期在世界各地奔波，见多识广又喜欢杂文，鲁迅的作品几乎都能倒背如流，他早就想亲自操练几篇了，只因长年海上奔波难以如愿，现在赋闲在家，总该有空动笔了吧？不料我打电话一问，这位才66岁的表叔竟说："哎呀，人老了，脑子钝了，这辈子怕写不成喽！"

表弟父子俩的事，让我感到很不是滋味。一个人最想干的事，多是其潜质和天赋所在，如果能够勇敢去做，才能算得上是"人尽其才"。他们父子却敢想而不敢为，关键时刻打退堂鼓，以至于事与愿违，令人叹息！

↘

别被想象的困难吓倒

周　礼

十年前，他在一家不太景气的国企上班，每月只有几百块钱的工资，即便省吃俭用，日子依然过得捉襟见肘。数年来，他们一家三口就居住在一间不足十五平方米的单身宿舍里，除了一台25寸的彩色电视机外，家里几乎找不到一件值钱的东西。

面对这样的困境，他也曾抱怨过，也曾想过另谋他路。可是，一想到不可预知的未来，他就退缩了。毕竟现在还勉强过得去，并且单位交了“五险一金”，将来老了有一份保障。而自己除了做车工，又能干什么呢？弄不好，连一家人的温饱都无法保证。左右掂量，他觉得还是维持现状比较好。

平常，尽管他嘴上抱怨着，心里诅咒着，但他还是日复一日、年复一年地从事着手头的工作。他想，只要自己努力工作，好好表现，将来评上了职称，就能涨工资；等攒够了首付的钱，就可以按揭一套商品房，再简单地装修一下，就能过上比较舒适的生活了。

然而，天不遂人愿，就是这样一个小小的梦想也无法实现。2001 年，由于企业经营不善，亏损十分严重，单位不得不裁减人员，以缓解眼前的危机。不幸的是，他被列在了第一批下岗人员的名单中。下岗，这对一个上有老下有小的人来说无异于晴天霹雳。为了不失去这份工作，他拿出仅有的一点积蓄，买了两瓶好酒、一条好烟，来到领导的家里。他苦苦地哀求领导（就差没给领导下跪了），希望领导能体恤一下他的困难，将他留下来。领导听后，无可奈何地说："我也没办法，如果不裁员，厂子就保不住。"最终，他好话说尽，但还是没能保住这个工作岗位。

那天，他失魂落魄地回到家里，仿佛天塌下来一般，绝望到了极点。他不敢想象失去唯一的生活来源后，以后的日子会是怎样一种凄惨的光景。那段时间，他感到特别失落，特别迷茫，特别恐慌，不知道未来的路在何方。当然，痛苦归痛苦，无助归无助，日子还得继续过下去。无奈之下，他只好面对现实，寻找其他出路。没过多久，他和妻子背上行囊，去了广东打工。

让人意想不到的是，十年后，昔日走投无路的下岗工人，不仅解决了温饱问题，还有了豪华别墅和高档轿车。如今，他已是一个集团公司的老总，拥有五家企业，资产达到数十亿元。每每忆及往事，他总是感慨万千，如果不是当初所在的企业裁员，恐怕他现在还是一个普通的技术工人，过着充满牢骚与抱怨的生活。

原来，平庸与失败背后的推手不是别人，恰好是我们自己。人生最大的敌人不是失败，而是甘于平淡、安于现状的心。一方面，人们渴望过上美满幸福的生活，而另一方面又害怕改变。人总是习惯于现有的生活状态，而不愿意做出新的尝试，结果故步自封，画地为牢，一辈子被困囿在原地，只能扼腕叹息，坐观他人的成功。其实，改变现状并没有想象的那么困难，只需要付出一丁点儿的勇气而已。

走自己的路，让别人说去吧

周　礼

有这样一个故事，一群小青蛙在外面玩耍，它们不经意间抬起头，发现前面不远处有一座高耸入云的铁塔。其中一只小青蛙突发奇想，要是能爬到塔尖上去玩耍，那该多好啊，那上面一定可以看到许多迷人的风景。在这只小青蛙的提议下，大家的心思都被带动。一些青蛙很快爬上了铁塔，正一步一步地向上面爬去，走在后面的也不甘示弱，争先恐后地紧跟而上。

不久，太阳出来了，火辣辣地炙烤着大地，让人望而生畏，铁塔上的温度更是比地上高了许多。小青蛙们一个个累得气喘吁吁，被晒得汗流浃背。这时，其中一只小青蛙叹息道："塔这么高，何时才能到达塔尖呢？再说上面也不一定好玩，还不如回到地面。"

它这么一想，便开始退缩了，并情不自禁地停住了脚步。

另一只小青蛙也抱怨说：“水里多凉爽，多自由啊，我们爬上塔尖去干什么呢？纯粹是吃饱了撑的没事干，自找罪受。”于是它也停了下来。

随后，三三两两地又有一些小青蛙停了下来，它们嘲笑自己真是太傻了，这个提议从一开始就是错误的。于是，它们齐声责备着最早提出建议的小青蛙。

不一会儿，几乎所有的青蛙都停了下来，并沿途返回了地面。这时，它们吃惊地发现，有一只最小的青蛙仍然在努力地往上爬，它的速度并不快，步伐甚至有些艰难，但它却丝毫也没放松，一点一点地往上挪动着。

时间一分一秒地流逝着，那只最小的青蛙终于爬上了塔尖，它看到了天空悠悠的白云，远方漂亮的城市，还有不时从身边掠过的唱着婉转歌曲的飞鸟。真是太美了！太神奇了！小青蛙由衷地感叹。它活这么大，还是头一次看见如此壮观的景象，更重要的是，站在这里的它目光高远，心胸开阔。

当小青蛙从塔尖上下来时，所有的青蛙都瞪大了眼睛，它们的目光中饱含着敬佩、羡慕，还有后悔。当它们问起那只小青蛙为什么能义无反顾地往上爬时，这只小青蛙的回答让它们大跌眼镜。原来，这只小青蛙的听力有些问题，由于它爬得慢，与大家保持着一定的距离，所以大家在铁塔上的议论它一句也没听清。后来，大家都往回走时，又由于它过于投入，根本没有注意到。在铁塔上，它只有一个想法，那就是无论如何也要爬上塔尖。最后，它成功了，如愿以偿地领略到了别人不曾领略到的风景。

在我们走向成功的路上，常常会受到外界一些事物的影响，比如困难与挫折、名利的诱惑、别人的非议，等等，导致大多数人在中途停下来。真正到达成功殿堂的人屈指可数。因此，我们要想获得成功，就得不畏艰险，经得起名利的诱惑，不在乎别人的是非评论，脚踏实地地走自己的路。

↘

把精力持续专注于一个目标

西　武

在南美洲的亚马逊河边，有一群羚羊在那儿悠然地吃着青青的小草。一只猎豹隐藏在远远的草丛中，竖起耳朵四面旋转。它觉察到了羚羊群的存在，于是悄悄地、慢慢地接近羊群。越来越近了，突然羚羊有所察觉，开始四散逃跑。猎豹像百米运动员那样，瞬时爆发，箭一般地冲向羚羊群。它的眼睛盯着一只未成年的羚羊，一直向它追去。

羚羊跑得飞快，但豹子跑得更快。在追与逃的过程中，猎豹超过了一只又一只站在旁边观望的羚羊。它没有掉头改追这些更近的猎物，而是一个劲儿地朝着那只未成年的羚羊疯狂地追去。那只羚羊已经跑累了，豹子也累了，在累与累的较量中，最后只能比速度和耐力。终于，猎豹的前爪搭上了羚羊的屁股，羚羊倒下了，豹子朝着羚羊的脖子狠狠地咬了下去。

可以说，一切食肉动物在选择追击目标时，总是选择那些老弱病残，而且一旦选定目标，一般不会轻易放弃。因为中途转向其他目标会使精力有所损耗，从而使其他目标更难达到，最后的结果也必定是一无所获。

人类在追逐目标的过程中，需要借鉴动物的这种智慧。既然选择了一个目标，就不要让这个目标轻易地失去。一旦你调整、确定了方向，就应该专注于一件事情。因为一个人的精力是有限的，“真正赢家会把精、气、神集中于一击。”就像有人问爱迪生：“成功的第一要素是什么？”

爱迪生回答说：“能够将你身体与心智的能量锲而不舍地运用在同一个问题上而不会厌倦的能力……你整天都在做事，不是吗？每个人都是。假如你早上 7 点起床，晚上 11 点睡觉，你做事就做了整整 16 个小时。对大多数人而言，他们肯定是一直在做一些事，唯一的问题是，他们做很多很多事，而我只做一件。”

如果一个人过于努力想把所有事情都做好，那他最终只会一事无成。要在有限的生命里完成一流的事业，他就必须有所选择、有所坚持、有所放弃，集中全部精力专注地去做一件事。

订书钉是我们工作中很常用的办公用具，然而，你有没有想过，上百张纸摞在一起，连非常锋利的刀也不容易一次性穿过，为什么那短短细细，看起来一点也不坚硬的钉书钉，居然能够一下子穿透？其中的原因就在于订书钉把所有的力量都集中在了两个点上，集中用力。

有很多看起来很聪明的人，他们忙忙碌碌，能够同时做很多事情。他们给人感觉非常能干，能力很强。可是往往到最后，这些人并不能真正做成什么事。反而，这世上有许多人看起来很一般，没什么特别出众的才能，却能成就伟大的事业。这都是因为他们能像订书针一样，认清目标，集中全力，不彷徨，不迟疑，奋斗到底。

一个人围着一件事转，最后全世界可能都会围着他转；一个人围着全世界转，最后全世界可能都会抛弃他。浅尝辄止、见异思迁是摘不到成功果实的。当你选择好属于自己的“一件事”时，你应该全身心地投入到那“一件事”上，不轻易放弃也不轻易改变，只有这样，你才能有所收获。

请走自己真正想走的路

彭忠富

鲁迅在日本仙台学医，看见电影里中国人麻木不仁，愤而弃医从文，决意启蒙民众思想，从而在中国现代文学史上奠定了自己的地位。新文化运动的开创者之一胡适，曾任国民党政府驻美国大使、北京大学校长，在政学两界纵横捭阖，广积人缘，留下“我们的朋友胡适之”的美誉。可谁能想到，其实胡适跟鲁迅一样，是放弃了原来所学专业，弃农从文，这才有了后来的成就。

胡适考取了庚子赔款留学名额，准备赴美留学。临行前，二哥专程从东北赶到上海为胡适送行，并叮嘱胡适：去了美国要选择铁路工程、矿冶工程一类的技术专业，既可振兴家业，又可为国家振兴实业；至于文学、哲学、政治一类毫无用处，不学也罢。胡适考虑到学农业不收费，可以节省一部分开支，补贴家用，便决定去美国学农业。到了康奈尔大学农学院之后，胡适在这里度过了大学第一年。康奈尔大学农科非常著名，但当时美国社会中上层阶级的子弟都不愿意学农科，原因不言而喻，学农就要跟庄稼、牲畜打交道，让人觉着不体面。

康奈尔大学的农科教学方式很特别，注重实验，喜欢安排野外实习，胡适觉得非常有趣。但是胡适不喜欢农科的生物课。这类课上，为了实验动物脑部的作用，常常会捉几只青蛙做实验品，有的去头，有的去眼，观察这些失去了不同部位的青蛙有什么表现和变化，这样血腥的场面让胡适瞠目结舌，胆战心惊。果树学的实习课是一门实践操作课，要求学生把分得的苹果进行测量分类并做好记录。课堂上，老师给学生每人分三十多个苹果，学生们必须根据一本培育指南上所列举的项目，把这一堆苹果分门别类地区分开来。这种精挑细选的活儿，美国学生做起来轻车熟路，他们好像对一个个苹果早已认识，只需翻开索引或指南，就能轻轻松松地把三十几个苹果分好类，并将它们的学名填满表格，前后花去的时间也就二三十分钟，实验在游戏中就完成了。临走时，他们还不忘偷偷地捡几个苹果，藏进大衣口袋里，一溜烟地从实验室里扬长而去。可是胡适和几个中国学生却对着一堆苹果傻了眼，毫无头绪。他们好不容易忙乎完了，表格也填好了，结果还是错误百出，成绩并不理想。

胡适学农的兴趣很快就消失殆尽。苹果实习课后，胡适常常问自己，这样辛苦地学农有意思吗？回国后能够找到用武之地吗？在家信中，二哥告诫胡适：“农学是中国通用之学，吾弟将来学成归国，大有可为。”可是二哥的意见胡适根本听不进去，他觉得自己感兴趣的还是思想与哲学方面的知识。“中国古代哲学的基本著作，及宋明诸儒的论述，我在幼年时，差不多都已读过。我对这些学科的基本兴趣，也就是我个人的文化背景。”胡适在日记里这样写道。找到自己的追求目标后，胡适就开始选修康奈尔大学文学院的“哲学史”，后来更是转入了文学院，专门学习与思想社会打交道的哲学、政治和文学，先后师从克雷敦、奥兹和杜威等教授，终成一代大家。

倘若当初胡适听从兄长的意见，没有选择学习自己感兴趣的东西，恐怕历史上便缺失了这样一位文学大家吧！

↘

梦想比条件更重要

西　武

三个工人在砌一堵墙。有人过来问他们："你们在干什么？"

第一个人没好气地说："没看见吗？砌墙。"

第二个人抬头笑了笑说："我们在盖一栋高楼。"

第三个人边干活边哼着小曲，他满面笑容开心地说："我们正在建设一座新城市。"

十年后，第一个人依然在砌墙；第二个人坐在办公室里画图纸——他成了工程师；第三个人呢，是前两个人的老板。

一个人要想生活幸福，事业成功，就必须有一个时刻激励自己的梦想。只要有着这样一个梦想，你才能对自己有更美好的规划，也才能更有信心地前进，开拓。

每一个成功者在最初都有一个美好的梦想，正是这些梦想使人勇往直前地朝自己的目标前进。你不要抱怨说我没有好的条件，因为梦想比条件更重要。至少下面这个故事中的女生就不具备大家所认为的打篮球需要的条件，但她最终实现了自己的梦想。

有个女生每天都会在篮球场上苦练，有时一直练到天黑。问她为什么练得这么刻苦，她不假思索地说："我想上大学。但爸爸说他没有能力供我上大学，唯一的办法就是靠自己争取奖学金。我喜欢打篮球，我要把篮球打好，有了这个特长，我就能申请奖学金。"

为了心中的这个梦想，从中学低年级到高年级，她矫健的身影每日都会出现在球场上。然而，有一天她却双臂抱膝，把头埋在胸前坐在球场边的草地上。她的妈妈关切地询问她发生了什么。

"没什么，"她轻声地回答，"只是因为我个子太矮了。"教练告诉她，任何一个大学篮球队都不会录用一个身高只有 1.67 米的人。这样，她希望通过篮球特长获取奖学金的梦想就很难实现了。

她的妈妈接着问她："有没有和爸爸谈过这件事情？"听到这个问题，她抬起头说："爸爸认为，教练不懂得梦想的力量，如果我真的想获得奖学金，就没有什么能阻止我，除非我自暴自弃。因为梦想比条件更重要。"

爸爸的话给了她力量。她将这句话时刻记在心底，以此来鼓励自己。终于，在第二年的加利福尼亚中学生篮球锦标赛上，由于她在场上的出色表现，一所大学的篮球教练看中了她。她终于实现了自己的梦想，如愿以偿地获得了奖学金，成了一名大学生。

现在，你相信梦想的力量了吗？其实，只要你不向现实妥协，你就能够实现自己的梦想。事实上，很多杰出人物正是怀着自己的梦想，坚决不向现实妥协才有了后来的成功，例如德国前总理施罗德。由于施罗德身材矮小，出身低微，很多人都不看好他，《明镜》周刊总编纳伦曾经骂部下说，报道施罗德纯粹是浪费。但施罗德自己坚定地说："我想当总理，你们等着瞧吧！"最终，施罗德通过自己的努力真的当上了总理。

德国前总理科尔在 17 岁时也曾说过："有朝一日我要当这个州的一把手！"不过他后来比这走得还要远。所以，无论任何时候，请你记住——梦想比条件更重要。

↙

梦想的世界无关年纪

卓 文

悉尼的秋天来了，气温也下降了不少，但就在这样的大冷天，市中心的一家游泳馆迎来了四位特别的顾客。

他们已经满头白发，走路颤颤巍巍，有的已经驼背，有的甚至拄上了拐杖。登记表上清晰地写着他们的年龄：92、91、90、87。

故事要从白发苍苍的 John Sheridan 开始说起。

John 已经退休 20 多年，现在已经 91 岁高龄。退休的日子平淡且无趣，每天就是看书、看报、喝茶来打发时间。而这样安稳的日子，却因为一张老照片被打破了。

有一天，John 在整理房间时看到了一张自己年轻时候的照片。那个时候的他，穿着海军制服，帅气逼人、精神抖擞。于是，他又一次想起了自己一辈子都没有完成的梦想，那就是成为一名专业的游泳运动员，参加奥运会！

其实，在 John 还是海军的时候，他就曾多次想参加职业比赛，但是每一次，都因为一些不同的原因未能如愿。随着年纪的增长，生活琐事的纠缠，也就渐渐地没有了当时的热情。

而现在，当他再次回忆起自己的梦想，却已经是风烛残年。

但是这一次，这个倔强的老头儿却偏偏没有向命运妥协！他在心里暗暗地鼓舞着自己：这是我一生中最后能实现梦想的机会了，我一定要拼一次！

于是，在第二天，John 就不顾家人的反对来到游泳馆开始训练，但是年老的身躯让他的梦想之路变得分外艰难。

不过，命运总是会眷顾那些有梦想并为之坚持的人。

有一天，John 惊喜地发现一位跟自己年龄差不多的老头儿，竟然可以用标准的蝶泳姿势在泳池中游上好几个来回！通过了解他得知，这个老头儿竟然曾在国际比赛上获得过 7 枚金牌！“这个名叫 John-William Steen 的老头儿，他的年纪甚至比自己还要大，但他却是一个名副其实的职业游泳健将。”John 心想。

在 John-William Steen 的介绍下，John 又认识了 91 岁的 Ossie Doherty 和 87 岁的 Max Van Gelder，四个人一见如故，并很快组成了 Team 360。他们的目标就是一定要参加一次职业游泳接力赛！

不久，他们报名参加了新州游泳锦标赛的 4 × 50 米接力，但是报名表交上去没多久，他们的梦想落空了。

在正式比赛前，四位老人约定再进行一次模拟比赛，但是第二天，年龄最大的 Steen 却没有来。在比赛开始之前，噩耗传来：93 岁的 Steen 心脏病突发，永远地离开了这个世界，直到他生命的最后一刻，他的枕边依然放着长久的梦想，那是一排整整齐齐的游泳奖牌。

Steen 的离开，让其他三位老人的内心遭受了巨大的折磨，但是他们谁也没有忘记 Steen 对他们的鼓励与支持：虽然我们年纪很大了，但是并不意味着我们就一定会失败，坚持不放弃，我们的梦想就不会结束！

抱着这份坚定的信念，三位老人重拾信心。意外的发生没有让他们怨天尤人，反而激发了他们内心更强烈的斗志。

为了能找到 Steen 的继承者，87 岁的 Max 几乎走遍了悉尼的每一个角落。终于，功夫不负有心人，他们在一家养老院找到了 90 岁的 Ray McGimpsey。

梦想虽然会迟到，但它绝不会缺席，Team 360 就这样奇迹般地复活了！再也没有什么能阻挡他们。

这 4 位平均年龄 90 岁的老人，一个拄着拐杖，两位在与癌症做斗争，三位是心脑血管疾病患者，四位都有严重的关节炎，但是那又如何？虽然他们病魔缠身，却依然怀揣着梦想不懈地奋斗着……

梦想与年龄无关。任何人都有追求梦想的权利，想要实现梦想，就一定要勇敢的放手去追，只要不放弃，梦想就不会结束！愿你在 90 岁的时候也依然有梦！

↘

用最差的相机也能拍出最好的作品

卓 文

在摄影界，有一个特别的摄影师。他没有好的相机，也没有好的镜头，只有一部从垃圾堆里捡来的用各种废物拼装而成的破相机。但他的拍摄作品却被挂在纽约国际摄影艺术中心里，得到了全世界的认可。他就是捷克摄影师米罗斯洛夫·蒂奇（Miroslav Tichy），如今已跻身世界一流摄影师的行列。

小时候的蒂奇就是个十分聪明的孩子，4 岁时就通过观察不同距离的马车大小不同而领悟了透视画法的道理。后来，蒂奇到捷克的布拉格美术学院学习绘画，很有天赋的他很快就在绘画界崭露头角。但在 1957 年他的作品被布拉格双年展拒绝后，蒂奇的精神状态变得十分糟糕，他的工作室也被迫关闭。

受到打击的蒂奇，兴趣点也从绘画变成了摄影，他开始大量拍照。

和其他摄影师不同，蒂奇没有好的相机，他用的是由易拉罐、厕所纸筒、废弃香烟盒、汽水瓶盖、自己打磨的树脂镜片和垃圾堆里的其他材料自制的相机。没有好的镜头，当他需要长焦镜头时，就把几个镜头，或者儿童望远镜放在用胶水或沥青粘贴的纸管或塑料排水管里。没有好的颜料，当他需要黑色颜料时，就从烟囱里弄一把煤灰和油混在一起使用。他用怪异的方式冲洗照片，还经常用铅笔在照片上描画进行对图案和线条的修改。

蒂奇是真的非常喜欢摄影，每天早晨 6 点，他就会到人多的车站、广场、公园和游泳池等地方拍照。他每天都要用掉 3 卷胶卷，镜头里大多数都是各色各样的年轻女人。他像个十足的色情狂，将镜头对准年轻女人。她们或走或躺或站，有些对他笑，有些背对他，还有些在他的镜头里只露了腿部。

虽然这些照片大多对焦不准、构图不佳，冲洗方式也很业余，但他的作品却带着特别的美感，出现在了法兰克福当代艺术馆、蓬皮杜艺术中心以及苏黎世艺术馆的墙上。被他摄入镜头的女人恐怕永远也不知道，自己的刹那芳华会被这样一个艺术家永恒记录。

在外人看来，蒂奇就是个外国版的“犀利哥”，他不爱洗澡、胡子垂胸、头发油腻、衣衫褴褛，从外表看很难有人喜欢他。但他的作品在世界各地展出时，人们发出的欣赏和赞叹就是他的成功。

虽然蒂奇把这说成“这一切纯属偶然”，但人们都知道，不是真的热爱，没有梦想的支持，他是无法用最差的相机拍出最好的作品的。

第 3 辑

喂养梦想，直到它能养活你

你 离 梦 想 只 有 一 步 之 遥

世界上最快乐的事，莫过于为理想而奋斗。

——古希腊哲学家 苏格拉底

一个人一天也不能没有理想，但凭侥幸，怕吃苦，没有真才实学，再好的理想也实现不了。

——张华

↘

我有一个梦想

卓 文

有个男孩一直有一个梦想，那就是成为一个音乐家。但是小男孩的家里特别贫穷。音乐，似乎是高雅富贵人家的孩子才能学得起的才艺。因为学习音乐需要大笔的费用，这是小男孩儿这样的贫穷家庭不可能承担得起的。光是那昂贵的钢琴，就已经让小男孩的爱好与梦想显得不够真实了。

虽然是这样，小男孩儿却依然执着地沉迷于音乐，没有任何退缩。聪明的小男孩儿自己动手，用纸板做了一个黑白色的模拟琴键，他在自己的简易琴键上，努力地练习着贝多芬的《命运交响曲》。纸板琴键当然不会回应他任何声音，男孩儿自然也听不到真正的美妙的钢琴声，但是他仍然用心地弹奏着、练习着，仿佛优美的钢琴声就在他耳边回响。

日复一日，小男孩就在这个纸板做的琴键上不停地练习着，十指都磨破了也从不喊疼喊累，更让人想不到的是，小男孩后来竟然开始用这个简易的琴键作起曲来了。时间久了，也有人开始喜欢他的作曲，并愿意出钱购买，这让小男孩兴奋不已。

终于有一天，小男孩拥有了一架真正的钢琴，虽然这只是一架二手钢琴，但也是小男孩儿用自己卖曲子挣来的钱买回来的。二手钢琴破旧不堪，很多琴键时常发不出声响或者跑调，但对于小男孩儿来说，却依然是如获至宝。

为了更好地使用这架钢琴，小男孩又开始自己学习修正、调音，他沉醉在自己的音乐世界里无法自拔。有时候他在梦中醒来突然有了作曲的灵感，便会打着手电筒把它记下来，这样走火入魔的行为，在他父母的心中却是不能理解的。

那一年，不到 20 岁的他开始在德国甚至世界乐坛上起飞了，成了好莱坞著名的电影音乐创作人。

在第 67 届奥斯卡颁奖典礼上，他以闻名于世的动画片《狮子王》的主题曲获得了最佳电影配乐奖。这个小男孩儿就是汉斯·季默。通过自己的努力学习与对梦想的执着追求，他终于从纸板上练出了一项属于自己的桂冠。

梦想，从来没有荒唐与奢求，很多人的梦想在一开始看来都显得那么的不切实际，但是重要的是，你能勇敢地说：我有一个梦想。因为这才是生命奋斗意义的开始。

命运决定追求梦想的艰辛程度，但是只要我们心中有梦想，一直坚持不放弃，总会有所收获。哪怕最终我们的梦想没有实现，但是过程也会成为我们终生的财富，受用不尽。希望大家也能怀揣梦想，奏响自己的人生乐章。

每棵树木都是有用之材

沈岳明

1847年4月10日，约瑟夫出生在匈牙利一个叫马口的小镇，由于战乱，他17岁便独自流浪到了美国。战后的纽约，失业率一再攀升。如果有一个工作机会，就会有几百人前往应聘。约瑟夫英语不好，又没什么专长，更重要的是，他身体瘦弱，脾气很差，每到一个地方都要跟同事甚至和上司发生争执。所以，约瑟夫每次都会将辛苦得来的工作给弄丢了。

约瑟夫不知道，其实他患上了一种病，那种病在医学上被称为“挑剔症”。患上挑剔症的人，见不得任何不合理的事情，哪怕那只是一件很小的事情，否则，就会跟人争论不休。约瑟夫就是因为患上了这种病，才被称为“挑刺专家”而遭众人排挤的。

约瑟夫曾先后做过骡夫、水手、建筑工人、码头苦力、餐厅跑堂和马车夫，可是都是因为喜欢挑剔别人的错误，特别是对资本家那些不合理的规定的挑剔，失去了这些工作的机会。由于生活越来越困难，约瑟夫的自信也被消磨得一干二净。就在他走投无路的时候，他遇到了一个木材店老板。那时，因为找不到一个更好的自杀方式，约瑟夫决定潜入木材店用电锯来了断自己的生命。

于是约瑟夫与木材店老板有了这样的对话。约瑟夫问："难道像我这样一个遭人厌恶、被人抛弃的人，活在世上还有什么用吗？"老板指着一堆木料说："人就像这些木料一样，有质地结实的，也有疏松的；有圆直的，也有弯曲的……难道你能说哪种有用，哪种没用吗？"约瑟夫捡起一截最弯曲的木头，说："依我看这根木头就没有用！"老板说："那要看你用在什么地方，如果用来做门框当然不行，但如果要做耕地的犁，可就是最好的材料了！"约瑟夫不服气，故意拣了个废弃的像个刺猬似的大树根，说："这个总是没用的东西了吧！"老板说："那个对于我们木业厂来说，确实没有用了，可是你不知道，有一位根雕艺术家已经出了一车木头的价钱将它买走了！"

最后，老板说："每一种树木都是有用之材，但前提是，一定要用对地方。这个世界上，每一个人就是一种树木，你也一样，找不到工作，不是你没有用，而是还没有找到一份真正适合你的工作！"听了老板的话，约瑟夫又找回了自信。于是，白天他继续外出找工作，晚上则帮老板扛木头来赚取自己的一日三餐及住宿的费用。

在得知想找到一份较好的工作，就必须学好英语后，约瑟夫经常去图书馆。有一次，在图书馆，约瑟夫看到两个人在下棋，一时老毛病又犯了。约瑟夫见其中一个人举棋不定，于是多嘴说：“别走那一步！”两个人都惊讶地张大了嘴巴望着约瑟夫。他走到其中一方说：“老兄，如果您走那一步，您就输定了。”然后又站到另一方，拿起棋子走了几步说：“先生，如果您这么对付他，还是会赢的。”两个人看看约瑟夫，又看看棋盘，似乎让这个陌生的年轻人敢于挑错的精神给镇住了。

正当约瑟夫想离开时，其中一位叫住了他，说：“年轻人，我想跟你认识一下，也顺便介绍我的这位好朋友给你，这是艾米尔先生，我叫舒尔兹。”在圣路易斯，没人不认识艾米尔和舒尔兹，他们共同拥有一家圣路易斯《西方邮报》。

就这样，约瑟夫当上了一名记者。由于约瑟夫敢于向任何权威挑战，他写的报道得到了普通民众的拥护，使报纸的发行量节节攀升，报社不但获得了很好的经济效益，而且在公众中的影响力也越来越大。约瑟夫很快被破格提拔为新闻部主编。

1883 年 5 月 11 日，约瑟夫创办的第一份《世界报》印出来了，它每星期都会发表由约瑟夫亲手撰写的社论。社论说出了劳动者的心声，对纽约的富人显贵发出猛烈的抨击，很快就赢得了读者，使《世界报》在短时期内获得了巨大的成功。他的全名是约瑟夫·普利策，一个誉满全球的报业大王。他还创办了美国第一所新闻学院——名扬世界的哥伦比亚新闻学院。现在，以他的名字命名的普利策新闻奖成了美国最高新闻奖，倍受世人瞩目。

在创办新闻学院的时候，约瑟夫·普利策跟学子们讲了这么一句话，那就是当年那位木业老板曾跟他讲过的话："我们每一个人就是一种树木，每一种树木都是有用之材，但前提是，一定要用对地方！"

布设自己的财富管道

程应峰

在意大利中部的一个小山村里住着一对堂兄弟，他们一个叫柏波罗，一个叫布鲁诺。

他们是最好的朋友，也是两个大梦想家。他们在一起谈论最多的就是可以通过什么方式才能成为村里最富有的人。

这两个年轻人聪明而又勤奋，他们在等待一个时机变成全村最富有的人。很快，这个机会就来了！

有一天，村长找到他们俩，想雇用他们将附近河里的水运到村子广场上的水缸里。他们迫不及待地拿起两只水桶奔向了河边，用了整整一天的工夫，才把水缸灌满。晚上回家的时候，他们拿到了1元钱的工资。

拿到工钱，布鲁诺开心地认为他们的梦想就这样实现了，但是柏波罗却并不这样认为。一天的辛苦劳动已经让他腰酸背痛，手上也磨起了水泡。他更担心的是明天的工作该怎么去完成。他暗下决心，一定要找到一个更好的办法。

第二天早上，他们拿着水桶往河边去的路上，柏波罗表达了自己的想法：“不如我们修个管道将河里的水引过去吧，每天这样辛苦地来回提水才能得到一点点的报酬，这不是长久的办法。”布鲁诺听完之后惊讶地说道：“修管道？这听起来多么的荒唐啊！我们现在已经有了全镇最好的工作，我每天提一百桶水，一天就能挣到一元！我就是富人了！我可以买任何想买的东西，甚至还能盖新房子呢！我们就好好享受这样的生活吧！”

但是柏波罗却不是容易放弃的人，他不仅耐心地跟朋友解释了这个计划，而且真的开始实施了。他每天抽出一部分时间来修建管道，虽然他清楚地知道要在这么坚硬的土壤中挖出一条管道有多么的艰难。

为了修建管道，柏波罗的薪酬也降低了，但是他并没有因为这样就放弃，在他的心里，他清楚地知道这个工作要在一两年后才能产生效果。他一直坚信自己的梦想可以实现。

在这段艰辛的日子里，当布鲁诺晚上和周末在吊床上悠然自得的时候，柏波罗都在坚持挖他的管道。几个月的辛苦并没有多大的进展，但是柏波罗一直提醒自己，梦想就是要坚持，每一点的进步都会让梦想越来越靠近。他知道，终有一天，他的付出将会得到百倍的回报。

日子一天天地过去了，离完工的日期越来越近，经过柏波罗日复一日的坚持，这一天终于到来了！管道完工的时候，村民们都簇拥着来观看。现在村子里终于有源源不断的新鲜水了！

柏波罗再也不用提水了，而流入他口袋的钱却越来越多。

管道的完工让布鲁诺失去了工作。柏波罗心里很难过，于是他便约了布鲁诺出来。想跟他一起开始创业。柏波罗说，这两年的时间让他学到了很多，他利用积累的知识开发了一个系统，他们要建更多的管道，从每一条管道的水中赚取很小的比例，就会有源源不断的钱流进口袋。

布鲁诺终于明白了柏波罗的宏伟蓝图。

很多年以后，柏波罗与布鲁诺的生意已经遍布全球，而他们也已经退休了。这两个好朋友还是会回到从小一起长大的地方，把他们的故事讲给更多的年轻人去听，希望他们也能够早日布设起自己的财富管道。

其实，梦想本身也是一种财富，追求梦想的方式不同，过程和结果就不同，有的人勤勤恳恳、按部就班，有的人却能用长远的目光找到更有效的方式。希望大家在追梦的道路上也能善于布设自己的财富管道，早日实现梦想。

↘

学习能力会受用一生

卓　文

张洁很喜欢美术，但他父母却执意让她学习会计，因为家里经商，学会计毕业后可以帮家里忙。她学得非常痛苦，经常有科目不及格。

在张洁心中经常有个疑惑：“会计太难了，为什么我不能选择自己想走的路呢？”有一天，她遇到了一位心理老师，老师问她：“你觉得会计和美术有什么不同呢？”在她回答之前，老师解释了这个问题，如果你真的那么喜欢美术，同时又学了会计，将来就能把自己设计的东西利用商业知识进行推广营销，这不是更好吗？

这个说法在张洁心中产生了不小的震动，但对数字不敏感的张洁仍心存畏惧。

心理老师为她进行了下一步规划："如果你现在是老板，顾客特别喜欢你设计的东西，不断地向你订货，让你忙翻了，但你却发现自己不懂会计，要请人帮忙，只好把自己辛苦赚来的钱分给别人；或是你的会计为你做的账，你全看不懂，这会有什么结果呢？你学会计，将来未必就要以这个作为你主要的工作，你仍然可以朝自己喜欢的美工设计而努力。多一项知识和技能会有什么坏处呢？"

"可我真的学不好啊！"张洁心里接受了心理老师的规划，但仍不得不面对自己学习成绩一直落后的现实。

学习是态度，不是能力，张洁因为讨厌会计，根本就没用心学习，所以她的成绩很差。而心理老师对张洁说："你要投资自己的能力，投资一次终生受用。"张洁一下子领悟了，自己首先需要转变的是态度。

是的，在我们的生命旅程中，有许多无法选择的事，比如我们不能挑选自己的父母和兄弟姐妹，也不能选择老师、同学和同事。学校的课程，也不能像自助餐一样挑我们爱吃的，但我们可以改变我们的心情，对于不能选择的事，我们可以通通喜欢。不喜欢又不能改变，何苦要折磨自己呢？越是不会的，就越要找寻机会练习，以免它重复地折磨我们。

学习则是一种投资，就像放在银行里的存款，虽然我们不知道什么时候会用到，但想要用的时候它是存在的。况且，多一项能力，我们在这个社会就会多一个生存空间，就有多一种收入的可能。所以，今天有能力学习的时候，又有什么理由去拒绝呢？

想明白了这一点，张洁豁然开朗，她当即表示会好好学习会计。

在以后的日子里，她克服自己对数字的恐惧，上课认真听讲，勤奋地研究练习题上的每一个难点。功夫不负有心人，她的学习成绩很快就得到了提高。

毕业后，她并没有回家帮父母的忙，而是自己开了小店，经营自己的创意。在经营上，她很有天赋，学会计的精打细算帮她节省了不少开支，因此很快就积累了不少资本。她把这一切都归功于大学时候心理老师的辅导，她常常说“最重要的是，要把该做的事变成喜欢的事，只要喜欢，就算最难的难题也会有屡败屡战，直至胜利的勇气。”

从一个经常厌学的孩子，变成自信满满的经营者，张洁做到了，因为她明白学习就是对自己梦想的投资，而只要把该做的变成喜欢的，这世界就没有难事。

↙

机会就躺在你的脚边

彭忠富

离婚之后，52 岁的卡罗尔没有工作，没有收入，还背负着因为不动产投资失败而带来的高达 100 万美元的债务。卡罗尔的律师劝她去看看心理医生，或者养条狗。对方这句充满同情和怜悯的忠告给了卡罗尔一点提示。“我的生活需要爱和微笑。”卡罗尔告诉自己，“养条狗能满足我的这两个要求，而且还不会带来任何保险麻烦，更不会成为我身边的定时炸弹。”

卡罗尔一直都喜欢牛头犬，当她听说有一条四个月大的名叫萨尔达的小狗因为主人对养狗失去兴趣而想将它送人的时候，她就立刻跑去看它。“刚进门，我一眼看到它，就立刻有种一见如故的感觉，它就是我的翻版。它需要爱，我也需要爱。”

然而，此时此刻，卡罗尔更需要的是为自己的新伴侣找到充足而且稳定的食物来源。带着这一目标，卡罗尔决定参加由当地一家宠物商店举办的一年一度的圣诞卡片大赛。大赛的奖品就是每个月都将获得宠物商店提供的 40 磅狗粮，为期一年。卡罗尔将一顶圣诞帽戴到了狗的头上，又给它洗了个泡泡澡，还用肥皂泡给它做了一圈假胡子。卡罗尔将萨尔达的照片寄了出去，还配上了文字说明："今年圣诞节，我用丈夫换了条狗……不赖的交易，不是吗？"最后，卡罗尔真的赢得了比赛。

那一年，卡罗尔把这张获奖照片印在了节日卡片上，送给了自己的朋友们。和卡罗尔一样，大家都对这只小狗一见钟情，都喜欢上了它那古怪而若有所思的样子。"喔，上帝啊，我们每个人心里都有个萨尔达。"卡罗尔突然意识到。

卡罗尔从节日卡片取得的成功中获得了灵感，何不就用萨尔达做模特制作一些问候卡片谋利呢？卡罗尔走访了几家卡片商店，想看看有没有竞争对手。结果，她根本就没看到类似卡片。"还没有人用活生生的小狗做模特，给它起名字，然后用它设计卡片。我看到了一个机遇，这个机会有些另类，而且需要勇气。"当时，背负着七位数债务的卡罗尔一无所有。

卡罗尔曾经是一家广告公司的创意总监，直觉使她能够发现一个模特的潜质。毫无疑问，萨尔达就是一个这样的模特。卡罗尔给她认识的最好的职业摄影师打电话，请他来拍一些试用的样片。卡罗尔又说服了一位印刷商，对方答应给她 90 天时间让其制作第一批样品卡片。每张卡片上的萨尔达都极尽滑稽之能事，窘态百出，而且还配着一句简单的问候语。譬如："祝你每时每刻都美好。"卡罗尔将萨尔达那古怪而滑稽的特质表现得淋漓尽致。没过多久，霍曼公司就注意到了这些稀奇古怪的卡片。就这样，一个女人由绝望孕育出来的奇思妙想，最终演变成了一系列问候卡片、礼品、服装、珠宝首饰和励志书籍，畅销全世界。现在，萨尔达已经是一只十几岁的老狗，但与此同时它也是经验老到的首席明星模特，给卡罗尔带来了源源不断的收入。

压力只会为失败和挫折提供机会，卡罗尔用卡片和萨尔达为载体充分地展示出了自己的智慧，让自己的生活发生了翻天覆地的变化。卡罗尔说："有时候，机会就躺在你的脚边，就像萨尔达。你必须了解自己是谁，以及你的喜好，然后就跟随自己的直觉走。"

↘

学会设计成功

沈岳明

1984年，三位美国少年被德克萨斯州立大学开除，他们的名字分别是迈克尔·戴尔、凯文·罗斯林和鲍勃·伊诺斯。由于家境贫寒，三位少年常常被同学们瞧不起。生活在被歧视的阴影里的他们最害怕的就是读书，因为老师总是说他们的成绩不好。他们就集体逃课，整天外出四处游荡。终于，学校决定将他们开除。

三位被学校开除的少年觉得自己的前途一片黑暗。他们幻想着如果突然拥有了一大笔钱，那么他们就可以住上漂亮的房子，坐上高档的轿车，还可以像班上有钱同学的父母那样给学校捐一笔钱。那样，老师和同学们便再也不敢瞧不起他们了。可是，对于三个还未经事世的少年来说，一下子从哪里弄来这笔钱呢？凯文·罗斯林和鲍勃·伊诺斯觉得唯一的办法就是去抢劫，可是富人们常常出入的地方离警局又很近，如果被警察抓到……

就在他们胡思乱想之际，迈克尔·戴尔将自己设计的模拟成功的录像，从电脑里调出来给凯文·罗斯林和鲍勃·伊诺斯看，三位少年津津有味地看着自己住在一幢漂亮的别墅里，别墅的车库里停放着他们喜爱的克莱斯勒轿车。迈克尔·戴尔问："现在，你们想将自己漂亮的别墅和轿车安置在什么地方呢？"

凯文·罗斯林抢着说自己要住在佛罗里达，因为他喜欢与富翁们聚会，而那里就住着大量的富翁，他们可以在那里随意举行长达数星期的聚会，那里的人均乐队拥有量比任何地区都要高。鲍勃·伊诺斯则说自己想住在拉斯维加斯，因为那里风景秀丽，还有大量的豪华商店，所有物品应有尽有，可以让他任意选购。可是，很快，他们便神色黯然了，凯文·罗斯林和鲍勃·伊诺斯望着迈克尔·戴尔，有点遗憾地说："如果这一切都是真的那该多好啊。"迈克尔·戴尔认真地看着两位少年说："这美好的一切，我们不是已经看到了吗？现在我们要做的是将它们从电脑里调出来，放到我们喜欢的地方去，比如佛罗里达，或者拉斯维加斯！"凯文·罗斯林和鲍勃·伊诺斯觉得迈克尔·戴尔的话有道理。

就这样，迈克尔·戴尔和另外两名少年经过一夜的仔细策划，决定第二天一早便去大街上卖报纸。不久，他们用卖报纸赚的1000美元开办了一家小店，那就是后来的戴尔公司。少年迈克尔·戴尔带着另外两位少年，经过20年的打拼，不但实现了当年的梦想，还将戴尔公司发展成了拥有 250 亿美元的庞大规模。

没有哪个人天生就能够成功，每个人在创业之初都需要为自己设计一个成功的样板，有了成功的样板，就有了奋斗的动力，然后便按照那个样板去努力。如果你还徘徊在人生的十字路口，不妨也大胆地模拟一次成功的样子，为自己设计一个成功的样板。模拟成功就是为自己设计未来。

用勇气打开梦想的箱子

卓　文

在摩西奶奶被美国大多数人熟知后，她经常在一个宽大的桌子前，拆开来自各地的信件，看信的主人向自己提出的各种各样的问题。在这些信件中，有的是在恭维和赞美摩西奶奶，希望能从摩西奶奶手中讨到几幅画；有的则是画商想要与摩西奶奶约稿；有的是向摩西奶奶诉说自己的不安和困惑，希望能得到摩西奶奶的指点。在这些信中，出现最多的一个问题就是："您的生命都已经过去了几十年，意外的是您突然选择拿起了画笔，是为了圆年轻时的梦想吗？我是不是也应该像您一样勇敢，放弃我现在的生活去做自己喜欢的事情呢？"

"我年轻时候的梦想早就不知道去了哪，现在的生活让我痛苦，我就像是一条苟延残喘的狗在生活的泥潭里挣扎。”他们在寄给摩西奶奶的信里这样写道。

那些总是抱怨生活对他们不公平的人，他们就像是在窗台上看着窗外大好世界而到处乱撞的苍蝇一般，痛苦、绝望、进退两难，好像唯有指责这不公平的生活才能让他们的心理平衡。但其实再多的抱怨也改变不了不公平，它是一个可怕的传染病，让人变得消极、不思进取；让人陷入可悲的恶性循环，觉得自己越来越不幸，到头来对一切都一筹莫展。

每当此时，摩西奶奶都会劝年轻人：

“我有点厌烦抱怨这种情绪，我觉得你们没有清楚地认识到发生在自己身上的事，其实你们所向往的生活是被你们自己一点一点放弃的。当你们看着自己的梦想，被权利、金钱等欲望吸引着，也不曾意识到梦想的宝贵。

在你们疲惫地停下来休息时，或许是正要坐在餐桌前准备吃饭，你们想起了自己年轻时的梦想，回过神来再看看现在的自己，现在与那时的梦想相差甚远，心中满是失落与不甘，强忍着却想要哭出来。

这样的情况发生在大多数人的身上。这理解起来其实很简单，在每个人成年后踏入社会，你们发现自己想要的东西远远超过了自己的想象。于是，你们对自己说：‘梦想这种看不见摸不着的东西，虚无缥缈，我不如先努力得到其他更实际的东西。’

生命的意义正是因为梦想的支撑才更值得我们热爱。画画就是我的梦想，我也从来没想过要放弃。我自始至终都认为生命是掌握在自己手中的。若是你的心不因欲望而动摇，那么，任凭时光怎样流逝，你也还是会优雅地坚守着自我，保持着你最初的梦想。

不要过早地放弃，觉得自己和梦想背道而驰，其实梦想从未走远，你只需要拿着手里的勇气钥匙去打开梦想的箱子。”

↘

先谋生，再追梦

卓　文

皮尔·卡丹从小就喜欢跳舞，少年时代他就有一个梦想，长大后成为一个舞蹈家。但是他的家境并不好，父母微薄的收入并没有能力把他送到舞蹈学校去深造。为了维持日常生活，父母不得不把他送到亲戚家的裁缝铺当学徒，希望他能学习一点有用的手艺挣钱补贴家用。

年幼的皮尔·卡丹日复一日地在缝纫机的噪声里重复着劳动，这让他非常的苦恼。因为他心里明白，这样下去只会离他的梦想越来越远。这更加深了他对于裁缝铺的厌恶。

同时，繁重的劳动获得的报酬还不足以支撑他的生活费，这让皮尔·卡丹越来越郁闷。他甚至想到，与其痛苦地活着，还不如一死了之。就在他准备投河自杀的那天晚上，他突然想起了自己从小就崇拜的偶像——享誉法国的“芭蕾音乐之父”布德里。内心痛苦的皮尔·卡丹天真地认为只有像布德里这样的大师才能理解这种追求梦想而不得的为艺术献身的精神。于是，他抱着最后一丝的希望，写信给布德里，诉说了自己的苦闷与不幸，希望布德里能收下自己做学徒。

把信发出去之后，皮尔·卡丹几乎每天一早就去信箱查看，他迫切需要布德里在这种迷茫的时候为他指点迷津。

虽然当时布德里已经是法国非常著名的大人物，但他也是从底层不断奋斗才获得成功的。看了皮尔·卡丹的来信，他非常理解这个年轻人的想法与处境。于是，他在百忙之中给皮尔·卡丹回了信。

在信中，他丝毫没有提起要收皮尔·卡丹做学徒的事情，更没有谈及自己是如何为艺术献身的精神，而只是讲述了他自己的经历。他在信中说到，自己小时候的梦想是当一名科学家，但是由于家里经济条件的不允许，不能继续读书。为了糊口，他开始跟着一个街头艺人学唱，靠卖艺为生。生活的困境让他选择了音乐，放弃了科学家的梦想。最后布德里还说道：“梦想跟现实总是有差距的，在梦想与生存之间，首先要选择的还是生存，只有活下去，才能有机会实现梦想。一个连生命都不珍惜的人是不配谈论梦想的。”

布德里的回信让皮尔·卡丹彻夜难眠，信里的每一句话都让皮尔·卡丹有如醍醐灌顶：必须要先谋生，才有资格谈梦想。

从那以后，皮尔·卡丹便立足于本职工作，认真学习缝纫技术。他23岁的时候在巴黎开始了自己的服装事业，很快，他建立了自己的公司并用自己名字命名服装品牌。后来，皮尔·卡丹在一次采访中说道:“其实自己并不具备舞蹈家的素质，想当舞蹈家只是一个年少轻狂的梦想而已。如果当时自己执意去盲目地追求梦想，就不会有现在的自己和成功。”

对很多人来说，生存与梦想就是一对矛盾体。喜欢做梦是年轻人的专利。尤其对于一些刚刚踏上社会的年轻人来说，梦想都是神圣的，都是高尚纯洁的，不容侵犯的。但是实际生活的艰难却总是能在他们的心里狠狠地扎上一针。梦想与生存，是个难题，也不是难题。

人的心中不能没有梦想，但这个梦想要与自身的条件相吻合，必要时我们不得不放弃那些不切实际的梦想，毕竟光有梦想是不够的。曾经有句广告词说“激情成就梦想”，乍一听上去很精彩，但是如果追梦建立在不能谋生的基础上，还是有些残酷的。

所以，先谋生，再追梦，才是打开人生的正确方式。

等待让自己开花的季节

沈岳明

英国少年艾金森，因为长得憨头憨脑，加上行为举止笨拙而幼稚，成了同学们戏谑的对象，连教师们都不愿意给他上课，甚至有位教“诗歌欣赏课”的教师哀求他选别的课。虽然艾金森是个按时交作业的好学生，但他朗诵作品时滑稽的表情总是让同学们捧腹大笑，每堂课都会被他搅成一锅粥，令教师无法继续讲课。给了他35分的历史教师则说：“他没有半点历史感，当然，他可能什么感也没有。”艾金森的父亲更是认定了他的脑子有问题，不是白痴就是智障，甚至从不跟他说话。

走向社会的艾金森又因为那张憨态十足的脸和笨拙而幼稚的举止找不到工作，极度自卑的艾金森四处碰壁，苦恼至极，于是他整天消极地躲在房间里喝闷酒。

只有艾金森的母亲认为他是优秀的。艾金森的母亲是个花匠，她将儿子带到她的花园里，指着各种各样的花草说："每种花都有开放的机会，那些还没有开放的，只是未到季节。人也一样，每个人都有机会成功，只是还没有遇到适合你的时机。但是，花草在没有遇到适合自己开放的季节时，需要吸收养分和阳光，储蓄足够的能量等待属于自己的季节来临。所以，你现在也要储蓄足够的能量，那就是学习更多的知识，经历更多的挫折，积累更多的人生智慧，等属于你的季节一到，你自然会绽放出美丽的人生之花。"

艾金森在母亲对自己充满信心的目光中站了起来。尽管后来的好长一段日子里，他找工作时依然碰壁，但他没有气馁，他深深地记住了母亲的话：不是他无能，只是适合他的季节还没有到来。

直到英国《非 9 点档新闻》剧组的导演看了艾金森的表演后情不自禁地大笑起来，艾金森才知道自己被录取了。他饰演的憨豆先生由于有一点笨拙、有一点幼稚、有一点单向思维（脑筋不转弯）、有一点腼腆，而深受观众喜爱。从此，他在英国迅速走红。

后来，这个穿戴整齐，但是头脑简单，常常闯了祸就落荒而逃的家伙，又以"憨豆先生大闹好莱坞"的姿态进军洛杉矶，进行他擅长的"捣乱工程"。该片票房在欧洲已突破 1 亿美元，在美国公开放映时，亦好评如潮。

如今，憨豆先生已经傻乎乎地飞往全世界，艾金森终于等到了自己开花的季节，如果你的季节还没到，请不要着急，总有一天，你也会灿烂盛开。

↙

在远见的背景上绚烂

彭忠富

童年时跟着父亲学下象棋。摆好棋盘后，父亲就开始在楚河汉界上示范：“马跳日、象走田，车跑直线。”原来下象棋这么简单。父亲还没教完，我就迫不及待地说：“我会下棋了，我们直接对阵吧！”父亲沉吟半晌，微笑着接受了我的挑战，并且慷慨地让我半边兵马。谁曾想几个回合下来，我就被父亲杀得丢盔弃甲，而我的战利品不过几个小卒子而已。

这样的结局直接摧毁了我学象棋的信心。父亲开导我说：“下棋得有远见，走一步就得想好后五步怎么走。而你光顾着吃我的小卒子，满足于一时的小胜利。”

“下棋得有远见。”父亲的话我咀嚼了很久也只是似懂非懂。后来我去县城读初中，初三毕业前夕，班主任张老师让我们填升学志愿，我面临着读中师或者继续读高中的选择，当然我也可以选择去广东打工。

继续读书还是辍学打工，这样的选择让我左右为难。我拿不定主意，去请教班主任张老师，让她帮着参谋。张老师考虑再三却拒绝了。她严肃地说：这是你人生的第一个转折点。填志愿非同小可，还是回去和家长商量吧。

从县城汗涔涔地走回家，已是傍晚时分。父亲从建筑工地上回来，正坐在马扎上抽旱烟。我在县城读书，每年要花近千块。为了凑足我的学费，父亲经常低三下四地求人，说尽了好话。母亲看不过，索性让他把纸烟戒了。父亲无奈，就自己种点叶子烟过瘾。

父亲老远就看见了我，他惊奇地冲我嚷："老三，今天才星期四，你怎么就回来了？"两个哥哥在厨房里剥黄豆，准备做晚饭。他们听见父亲的喊声，也跑出来看我。大哥在乡中学念到初一就辍学了，他说念书头痛，死活不肯再去。二哥去年初中毕业考中专，差三分落榜了。父亲让他去读高中，将来考大学。可是二哥说高中毕业没考上怎么办，书就白念了，还是回来打工好。

我把回家商量填志愿的事情告诉了父亲，他一下子紧张起来，赶紧把全家人召集到一起讨论。父亲坚决反对我辍学去打工，他说打工现在是能挣点钱，可是将来年纪大了怎么办？我们做人做事不要只顾眼前利益，眼光要放长远点，多读点书肯定不会错。

讨论结果直到半夜才出来。父亲仍然觉得上高中好，将来可以考大学，发展空间大；而母亲觉得中师保险，当老师也不错，虽说挣钱少点，可也是跳出农门，将来老了还有退休金。最后他们让我拿主意，我不忍心看着父亲为我千辛万苦地筹措学费，毅然选择了中师。

七月中旬，中考结果出来，我以超出录取线 10 分的好成绩被师范录取，学费很少，据说还补贴生活费。后来，我中师毕业成了一名教师，拿着微薄的薪水，过着波澜不惊的生活。但是我仍然很知足，因为一份稳定的工作，让我免去了奔波之苦。

有时候，我常常想起父亲说过的话：下棋得有远见，做人做事都得这样。这句话尽管平常，可是却让我受用一生。远见是对人生的一种谋划，是一种明智的选择。让我们都来做一个下棋的高手吧，走好人生的每一步，在远见的背景上展现生命的绚烂容颜。

↘

经营自己的长处

程应峰

一个朋友在聊天时抱怨:“自己都快四十岁了，可是仍然事业无成，真是枉来世上走一遭。”作为男人，我非常理解朋友渴望建功立业的焦虑。可是放眼周围，我们看见的绝大多数人还是碌碌无为。

既然人人都渴望成功，为什么成功者却始终是凤毛麟角。我觉得，我们首先要充分地认识自己，找出自己的长处，然后经营自己的长处，只要坚持下去，那么你肯定能取得一定成就。

温州人号称中国最富有的人群，我认识好几个温州的年轻朋友，在她们还在上大学时，理念就与众不同，最喜欢挂在嘴边的话就是:“宁愿睡地板，也要做老板。”这种理念与其他众多地方的思维理念有很大差别，但是这种理念却是很先进的，正是这样的理念使得温州人与众不同，成为中国最富有的人群。

读大学时，班上有个女同学梅，是同学中唯一的温州人。梅长相平平，学习也不用心，考试成绩在班上处于中下等。梅的父母是开皮鞋厂的，经济宽裕一些，这让梅喜欢炫耀。无奈男同学不追她，女同学瞧不起她。梅很郁闷，经常吹嘘说毕业后五年内要买辆宝马车，送给未来的老公做结婚礼物，别人都觉得她是异想天开，更加讨厌她了。

但是梅行为方式就是不一样，别人忙着考证过级，学习考研，增加知识储备将来好找工作。她却最喜欢晚上在学院门口摆地摊，高声叫卖一些劣质小玩意，后来又卖糖葫芦，甚至买个高压锅做爆米花。这样混到毕业，竟然听梅亲口说自己大学四年共赚了几万元。更令人称奇的是梅的大学学费、生活费都是自己赚的，居然没有拿家里一分钱，这简直让我们汗颜。

大学毕业后，梅没有去找工作而是直接去杭州丝绸一条街，在亲戚的帮助下开了一家小店。据说，她三年后就发财了，同学聚会时竟然开辆本田车来参加。她之前说的送宝马车给老公的壮言，很多同学开始相信了。

梅其实是一个很精明的人，温州人擅长经商的特质在她身上发挥得淋漓尽致。她认准了自己的特长是做生意，压根就没有想着去打工，结果毕业几年后就变成成功人士，而大学时代综合素质比她高很多的其他同学，要么拿着一个月两三千的工资，要么刚刚研究生毕业，焦头烂额地找工作。

正如富兰克林所说："宝贝放错了地方就是废品。"人生的诀窍就是经营自己的长处，这是因为经营自己的长处能给自己的人生增值，经营自己的短处会使自己的人生贬值。

把自己想做什么、能做什么，社会需要什么结合起来，综合加以分析，找出最佳结合点，做出正确的职业选择，你就迈出了人生事业的第一步，成功就会向你招手。

永远不要为一块面包祈祷

周 礼

小时候，马克·吐温家里十分贫穷，受冻挨饿是常有的事，偏偏他的同桌比较富有，每天都会带一块香喷喷的面包来学校，尽管有时她会问，“你需要来一点吗？”但马克·吐温总是咽着口水回答，“不，不需要，谢谢！”其实，在马克·吐温心里，他最大的愿望，就是拥有一块跟同学一模一样的面包。

有一次，马克·吐温看见霍尔太太在做祈祷，样子庄重而严肃，他好奇地问：“世界上真有上帝吗？”霍尔太太点点头说：“是的，万能的上帝能帮助我们每一个人。”马克·吐温听后，立刻想到了自己的梦想，他激动地说：“那我祈祷上帝，他会给我想要的东西吗？”霍尔太太微笑着说：“那是当然，上帝最仁慈了，只要你用心祈祷，他一定能帮你实现你的愿望。”

霍尔太太的话让马克·吐温深信不疑，从那以后，他每天晚上都要做一件事——虔诚地向上帝祈祷，赐予他一块香甜的面包。为此，马克·吐温还准备了一个特大号的盘子。有一天，马克·吐温自豪地告诉他的同桌——那个每天都会带一块又香又甜的面包的小女孩，“用不了多久，我也会拥有一块大大的面包，到时请你一起品尝。”

可是，日子一天天过去了，马克·吐温依然两手空空，上帝根本没来光顾他。马克·吐温感到有些郁闷，他找到霍尔太太，失望地说：“上帝怎么听不到我的祈祷呢？是不是他没有面包啊？”霍尔太太安慰马克·吐温说：“别轻易怀疑上帝，要知道，天下不止你一个小孩，大家都在祈祷，而上帝只有一个，他怎么忙得过来呢？你别着急，慢慢等吧！总有一天，上帝会听到你的声音，并帮你完成心愿。”

马克·吐温耐着性子，又足足祈祷了一个月，但上帝还是没有光临。无奈之下，他只好向同桌道出了实情，那个小姑娘听后，呵呵地笑着说：“你真傻，一个面包值多少钱啊？你有时间祈祷，为什么不去赚钱买面包呢？”小姑娘的话深深地触动了马克·吐温的心灵。是啊！与其傻傻地等待上帝恩赐，不如主动出击，自己争取。

经历了这件事后，马克·吐温不再祈求上帝，而是以实际行动获取自己想要的东西，起初他一边上学一边打工，后来他的父亲不幸去世，他不得不离开学校独自谋生。他当过印刷厂学徒，当过送报员，当过排字工，当过水手和淘金工……无论遭遇到怎样的不幸，他始终坚信，上帝不会改变自己的命运，只有自己才能改变自己的命运。多年后，马克·吐温凭借自己不懈的努力，终于成了美国著名的作家和演说家。

也许我们每个人都曾有过小马克·吐温的想法，期望得到上苍的垂怜，或得到别人的帮助，以此实现自己的梦想。而事实上，求人不如求己，只有辛苦付出才是最真实的、最可靠的。

↘

抬头就是一片蓝天

周 礼

那年，一位年轻人失魂落魄地迈上了一辆火车，他心灰意冷，想要在这次旅程后结束自己的生命。

上帝似乎一直不太眷顾他，考大学没有考上；好不容易找了份工作，又遇到公司倒闭，与朋友合伙做生意，又被骗得身无分文，要不是父母接济他，他现在恐怕连买一张火车票的钱都没有。年轻人的眼里写满了绝望，他抱怨世道太黑暗，抱怨上天不公平。

年轻人的脑子里一片混乱，他没有想到，世界之大，竟没有一个属于自己的容身之处。就在这时，火车驶进了一片荒无人烟的沙漠之中，大家都不由自主地望向窗外，年轻人也不禁抬起头。他看到了一片湛蓝的天空，看到了几朵悠悠的白云，那一瞬间，他突然觉得世界真美。不一会儿，前方出现了一个弯道，火车开始缓缓减速，一座简陋的平房随即出现在人们面前，要是在其他地方，这座毫不起眼的房子一定不会引起大家的注意，但在这样一个人迹罕至的地方，无疑成了一道亮丽的风景。大家目光齐聚，有的人甚至开始议论起这座房子的主人，担心起他们的安全和生活状况。

年轻人的眼前不由得一亮，他一下子看到了希望。在回来的路上，年轻人特地在中途下了车。他的目的只有一个，那就是前去探访房屋的主人。主人告诉他，这些年，他受尽了噪声的折磨，想要搬离此地，但就是没有人愿意买他的房子。年轻人问他，你要多少钱？房主说，“你随便出个价吧，只要能收回一部分成本我就心满意足了。”就这样，年轻人花了很少一笔钱买下了这座房子，他当然不是想在这里隐居，而是想靠它赚钱。

不久，年轻人回到城里，他联络了好几家大公司，并为他们设计了一套行之有效的广告方案。年轻人的想法非常有创意，在这个荒无人烟的地方，这座象征着家的房子会让人感到特别温馨，用它来做广告绝对能起到过目不忘的效果。果然，一家世界知名的饮料公司看中了这块“风水宝地”，以每年十万美元的租金，买下了他的广告代理权。后来，年轻人用这笔钱开了一家广告公司，把生意做到了全国各地。

正所谓“不经历风雨，怎么见彩虹”，在成就事业的路上，总会遭遇到这样或那样的坎坷，当我们身处逆境时，一定不要只顾埋头看路，要学会抬头看天。

记得那次去张家界旅游，在通过天门山的玻璃栈道时，我战战兢兢，不敢挪步，生怕一不小心摔下万丈悬崖。这时，一位经验丰富的导游告诉我，害怕时你就抬头看天，然后一直往前走。这招儿果然奏效，我不仅顺利地通过了长约 60 米的栈道，还欣赏到了许多美丽的风光。当人遭遇不幸时，总是喜欢往坏处想，而事实上，你的处境并没有想象的那么糟糕，只要你时不时抬起头，你就会发现希望就在身边，一切皆有可能。

↙

能给你安全感的只有自己

卓 文

小时候听过一个故事：有一头驴不小心掉到了一个很深很深的废弃陷阱里。主人认为救它上来要费时费力，权衡之下便抛下它自己走了，只留下驴在陷阱里孤独守候，驴非常伤心。更让它恼火的是，每天来往的人非但不救它，还要往陷阱里倒垃圾。驴非常沮丧，觉得自己太倒霉了，主人不救自己就算了，现在还要每天与垃圾为伍，就连等待死亡都是这么痛苦。

突然有一天，这头驴想，“为什么我一定要靠别人来救我呢，我难道不能自己想办法逃出去吗？”它看着陷阱里的垃圾，突然灵光一现。此后，它每天都把人们扔在它身上的垃圾抖下来并踩到自己的脚下，而不是像之前一样被垃圾淹没，同时它还从垃圾中寻找残羹来维持自己的体能。终于有一天，这头驴重新到了地面。

生活中，我们每个人都会遇到许多磨难，但是相比于把希望寄托在别人身上，我们更应该相信自己。只有靠自己，才是正确的选择。因为能给你安全感的只有自己，也只有在磨砺中成长，我们才能有所收获。古今中外，能在事业上有一番成就的人，多数都经历过困难坎坷，并在其中磨炼意志，积累使自己成长的能力。

不久前还听过一个和尚避雨的故事，大意是：有一天天降大雨，很多人都在屋檐下避雨，一个老和尚撑着伞从雨中走过，有一个人叫住他，想让他带自己一程，但是老和尚怎么都不答应，只是对他说："你要找的不应该是我，而是一把伞。"

听完这个故事，起初会觉得老和尚没有善心，但是细想，老和尚教给那人的难道不正是受用一生的人生哲理吗？当你走在没有准备的人生道路上的时候，遇到任何困难，我们首先想到的不应该是如何依赖别人的帮助，而是应该考虑如何依靠自己的力量解决问题。无论什么时候，最靠得住的还是自己，我们不应该把别人的善意当作可以依赖的资本，更不应该因为别人的拒绝而心生怨恨。

文学家莎士比亚出生于英国的一个富商家庭。他在13岁时便离开学校，帮助父亲打理生意。从16岁开始，莎士比亚离开家庭，独自在外谋生。他在伦敦一家剧院打杂，有时在门前替看戏的绅士们看马；有时给演员们提词或者跑跑龙套。除此之外，他还在屠宰场当过学徒、做过书童、做过乡村教师；甚至还当过兵、当过律师、做过小官。

为了生活，他曾经漂过英吉利海峡，到过荷兰、意大利等国。这样的日子不仅丰富了他的人生经历，增长了才干，为他后来的文学创作奠定了基础，更让他拥有了万事靠自己的坚韧品格。只有靠自己的努力得来的，才是真正属于自己的。

现实生活中，总有不少人喜欢把安全感挂在嘴边，但是我相信，很多人在说到安全感的时候并没有意识到，这是只有自己才能给予自己的东西。如果我们把安全感寄托在别人或其他自我以外的东西上，那么我们永远不会有真正的安全感。

生活中所有的坎坷，都需要我们靠自己的努力去克服，只有让自己变得强大才是面对困难、解决问题的根本办法。

↘

当幸运来敲门，你准备好了吗？

西 武

一位老教授退休后去拜访偏远山区的学校，向当地的老师传授教学经验。有一次，当他结束在山区某学校的拜访行程，正准备回到他的住处时，许多学生依依不舍，老教授也有些激动，他答应学生，星期三再来时，如果哪个学生把自己的课桌收拾得干净整齐，他就会送给这个学生一份神秘的礼物。

于是，在老教授离开后，每到星期三早上，所有的学生都会把他们自己的桌面收拾干净，因为星期三是老教授例行前来拜访的日子，只是不确定老教授会在哪一个星期三到来。

其中有一个学生一心想得到老教授的礼物做留念。他害怕老教授在星期三以外的日子突然带着神秘礼物来到，于是每天早上都把自己的桌面收拾得既干净又整齐。但往往上午收拾干净的桌面，到了下午又是一片凌乱。这时他又担心教授会在下午的时候突然出现，于是下午他又收拾了一次。此后，他仍觉得不安，担心如果老教授在一个小时后突然出现在教室，会看到他的桌面凌乱不堪，于是他便决定每个小时收拾一次。

到最后，他想到老教授随时会到来，仍有可能看到他的桌面不整洁。因此，他时刻保持自己桌面的整洁，以便随时欢迎老教授的光临。故事中的老教授虽然没有带着神秘礼物出现，但这个学生已经得到了另一份奇特的礼物——随时做好准备等待机会的到来。

有许多人终其一生，都在等待一个能够令自己成功的机会。而事实上，机会无处不在，重要的是，当机会出现时，你是否已经准备好了呢？

机会是一个没有耐性的家伙，它总是来也匆匆去也匆匆。当机会从你面前走过的时候，你没有准备好，抓不住它，那么它将一去不返。机会可不会站在那给你时间去准备。所以，从今天起，在等候的同时，我们还要做好准备，让自己保持最佳状态，以便机会出现时，可以紧紧抓住，不让它溜走。

↘

努力活成自己想要的样子

卓 文

从《恶作剧之吻》中迷糊可爱的袁湘琴，到《我可能不会爱你》深受情伤的职场轻熟女程又青，林依晨一直以来给人的感觉就是一个充满着青春正能量的姑娘。

林依晨是一位 80 后的女演员，她出演了很多讨人喜欢的偶像剧角色，但是相对于荧幕中幸福的女主角，生活中的她却并没有那么幸运。

林依晨出生于一个单亲家庭，她的父母很早就离婚了，母亲是一名小会计，收入微薄。为了养活林依晨和弟弟，支付他们的学费与日常开销，她的妈妈先后办了 10 张信用卡，以债养债，十几年间负债 300 多万新台币。

当她终于知道这个家的真实情况后，林依晨决定背负起这个责任。家人幸福是她一直以来的心愿，她希望能凭借着自己的努力，拥有一个活在当下的快乐人生。

为了尽快帮助家里还清巨额债务，林依晨成了演艺圈最“抠”的省钱专家。一向非常关注物价的林依晨不仅有买东西时比价的习惯，还坚持记账。拍戏赚的钱严格地分成十份，九份给母亲，剩下的一份再以“二比二比六”的方式，分成三个储蓄簿保管：“六”是存了不能提领的钱，“二”是存进去非到必要时才能提领的钱，另一个“二”才是自己的生活费。

尽管随着她的打拼，她的片酬有了很大的提升，但是她始终以一个最低的生活标准来对待自己。就这样，数额巨大的债务，在三年之后还清了。但没有想到的是，新的债务又随之而来。

从小因为父亲的离开而让整个家庭负债累累，遭受拮据之苦的林依晨，在得知父亲生活潦倒时，不仅选择了宽容接纳父亲，还帮助父亲回到了母亲身边，终于一家团聚。但是父亲生意投资失败的一百多万元的债务也落在了林依晨的肩上。林依晨没有一句推辞，她咬牙又撑过了三年，还清了父亲的债务，也终于有了一套自己的房子。

就这样，在生活上，林依晨活出了自己想要的样子。

在她为家庭生活奔波奋斗的同时，林依晨在她的演艺事业上也丝毫没有放松。她从未停止过自我提升的脚步。每天，不管拍戏有多晚，她一直坚持每天早晨 8 点钟起床看书，希望通过大量地阅读书籍、大量地看电影，能够增加自己演技的厚度。这也是她能成功塑造一个又一个经典角色的原因。金钟影后就是对她付出的最好肯定。但是对于林依晨来说，这只是她事业上的一小步，她希望未来自己可以成为一名表演艺术家，而她也正在努力着。

现在的林依晨，有着自己幸福的家庭，30多岁的她依旧是少女模样，她活出了自己想要的样子，也活成了别人眼中的“人生赢家”。

很多人会羡慕别人的人生，但其实，每个人的人生都会有挫折与低谷。活成自己想要的样子，我们需要的不是仰头羡慕，不是怨天尤人，而是不断地努力。只有不断地向着自己的梦想前进，生活才会给你最好的回报。

第 4 辑

愿你每天都被梦想叫醒

你 离 梦 想 只 有 一 步 之 遥

其实我们每个人的生活都是一个世界，即使最平凡的人也要为他生活的那个世界而奋斗。

——作家 路遥

↘

叫醒你的应该是梦想

卓 文

美国青年杰克在一家公司当主管，由于经济危机，他的工资很低。他每天工作时间从早上6点到晚上8点，有时候还要加班到晚上10点多。工作的劳累可想而知，可是令杰克更难过的是自己对工作的态度。他早已对这份工作没有兴趣，仅仅是为了那点儿微薄的工资。

当杰克再也受不了这种状态的时候，他请假去看望在外地的父亲，顺便散个心。在父亲家旁边的公园，面对外面美丽的风景，杰克此时并没有心情欣赏，而是表现得非常急躁。他的状态引起了父亲的注意，父亲说："你为什么总是这么急躁，在烦恼什么呢？"

杰克向父亲倾诉了工作上的不如意：工作很辛苦，可是却找不到成就感，而且薪水很低，自己已经厌烦了这份工作。

父亲认真听完，沉默了一会问他："每天早上叫醒你的是什么？"

杰克有点不解，但还是说："每天下班回来很晚，累得不行，早晨闹钟不响是醒不过来的。"

父亲听了，摇了摇头，对他说："孩子，这样是不行的，每天叫醒你的不应该是闹钟，而是梦想。"

杰克一下子愣住了，半天才明白过来，是啊，为什么自己这么累却没有成就感，很重要的原因是丢弃了梦想，每天只是为了一些微薄的工资在工作。想到这里，杰克感觉自己浑身充满力量，他想起了自己大学毕业时候的理想是成为一个销售专家。

于是，杰克再也坐不住了，他立刻回到公司办理辞职，开始寻找新的工作机会。很快，他就找到了一份销售工作，虽然很累，但他却干劲十足。过了一年，杰克成为这家公司的销售主管，又过了三年，他成了一名销售专家。

近来，"每天叫醒你的不是闹钟，而应该是梦想"这句话成了微博上很火的励志名言。叫醒你的是什么？如果是闹钟，这种"叫醒"只是一种被动行为，你就只是在为工作而工作；如果叫醒你的是梦想，那就是一场自觉的觉醒，此时你正在为梦想而努力。

只有当心中有了梦想，才会产生内在的力量，当有了这种梦想的力量，一切外在的动力都会成为陪衬。就如同一辆汽车，用外力推，能走多快？只有当它开足了马力，才能飞奔向前。严寒或是酷暑，泥泞或是坎坷，不管遇到什么阻碍，只要发动机还在，就能时刻激励自己勇往直前。

↘

在乎未来才会拥有未来

彭忠富

6 岁那年夏天，晚饭后一家人陪伴祖母在家里的小院子里纳凉聊天，叔叔告诉他们城中的老板如何富有，人们估算他有 20 万枚龙银的总资产。祖母低沉地自语道，不知自己哪一代的子孙，才可能像他们那样。这是一个老百姓期求安逸的平常盼望。在 1934 年的民国时代，资产 20 万已经算是巨富了，因为当时上海工人的月薪仅是 20 元左右。

78 年过去了，他的祖母早已离世。他多次在扫墓时，倚在祖母的墓前，低声地向她汇报，她当年的愿望，自己已经做到了。他就是 1928 年出生于潮安的华人首富李嘉诚。出身于贫寒人家，起初勉强混个温饱而已，然而谁又能想到，他若干年后会建立自己的商业帝国，成为华人首富呢？

“我很在乎未来！”这是李嘉诚经常挂在嘴边的一句话，一个人没有未来，那么这个人就完了，就会在芸芸众生中毫不起眼。李嘉诚在年轻时，多次拒绝放弃理想以换取“无发展空间”的眼前安逸。他一直深信，如果世界上有任何“成功秘方”，其中最关键的因素必定是你对成功的欲望远远大于对失败的恐惧。这心态像是刀锋，锐化你对什么是“可能”的触觉和激发你的梦想；这心态像是预警系统，令你对自满情绪和停滞时刻警惕，令你审慎律己、勇敢前行、敢说实话、敢当万绿丛中那点红。

我曾采访过一位本土歌手，他来自一个偏远山区，地方口音非常浓重，和普通话差距很大。虽然一直在学校里读书，但是因为师资条件有限，教师的普通话水平也不高，学生们能把数理化学好就不错了，至于声乐艺术，那是想也不敢想的事儿。

他天生一副好嗓子，对唱歌有着近乎疯狂的热爱，不管什么歌，听两三遍就能有板有眼地唱出来。作为小学教师的父亲，很早就发现了他这方面的天赋，一直希望他在音乐上能走出一条路来。可是父亲没办法教他，也请不起教师来教他，因为微薄的薪水除了养家糊口已经所剩无几。好在当地人普遍喜欢唱山歌，本家叔叔就是其中的佼佼者。叔叔走路唱，干活唱，甚至做饭也在唱，那状态就跟“大衣哥”朱之文成名前差不多。连崔健的《一无所有》或阎维文的《小白杨》这样的军旅歌曲，叔叔都能吼上一嗓子。每次叔叔到家来的时候，就是家里最高兴的日子。父亲用录音机将叔叔的歌声录下来，放给他听。几年下来，积攒了不少歌曲，这样他就能一直感受到音乐的魅力了。

随着掌握的声乐知识越来越多和技法的不断提升，他逐渐在学校举办的各种音乐会上崭露头角，成了广为人知的校园歌手。有时候，大家不记得他的名字，就用他经常演唱的《小白杨》来称呼他。“你看，‘小白杨’来了！”或者“这就是‘小白杨’！”这样调侃似的称呼，实际上是同学们对他声乐实力的最高评价。大学毕业后，他已经成为本地众所周知的歌手，人称“民歌王子”。他就是李继斌，后来进入了四川省乡村歌手大奖赛决赛。就这样，一条音乐的星光大道，已经展现在他的面前。

要在乎未来，李嘉诚是这样，李继斌也是这样。不管你这辈子在某个领域成就如何，如果你不在乎未来，那么你将没有未来。

你不展翅，没人能让你高飞

周　礼

一天，我去公园玩耍，发现东南角的水池里游着两只美丽的天鹅，它们全身洁白，伸着长长的脖子，显得高贵而优雅。不少游人围在池子的四周，争先恐后地给它们投食、照相。

对于天鹅，我并不陌生，儿时在李商隐的《镜槛》中读到过："镜槛芙蓉入，香台翡翠过。拨弦惊火凤，交扇拂天鹅。"安徒生的《丑小鸭》中也写到了天鹅。当然，令我印象最深的要数《史记·陈涉世家》中陈胜提到的一句话："嗟乎，燕雀安知鸿鹄（鹄，古时对天鹅的称呼）之志哉！"

那时，天鹅在我的心目中，简直就是天使的化身，雄心壮志的代言人。但我万万没有想到，如今这两只骄傲的白天鹅竟然居住在这样一个狭小的水池中，并且一副悠然自得的样子。这样想着，我不禁向它们投去几分鄙夷的目光，因为我一向认为，天鹅的家不是湖泊就是蓝天，待在池子里的天鹅，算不上真正的天鹅。

以前我听别人说，天鹅是世界上飞得最高的禽类，飞行高度可达九千米，能轻轻松松地跨越珠穆朗玛峰。天鹅有如此大的本领，却可怜兮兮地待在池子里向人们乞食，这着实让我感到有些意外。我好奇地问公园里的管理员：“你们把天鹅放在这样一个水池里，还不设任何的防护措施，难道你们不知道天鹅会飞吗？”

管理员微笑着回答说：“我们当然知道，但它们绝不会飞走的。”

我疑惑地问：“为什么呢？”

管理员不慌不忙地解释说：“一则，水池里有吃不完的食物，这不仅免去了它们四处觅食的烦恼，也不用担心受到其他动物的侵袭。有这么优越的条件和环境，你就算拿着竹竿赶它们，它们也舍不得走。二则，天鹅起飞需要助跑，没有足够的空间，它们根本飞不起来。在这两只天鹅小的时候，我们先将它们放在一个经过特殊设计的小池子里，起初，这两只天鹅拼命地想要飞走，但池子的宽度达不到它们起飞的要求，每次逃逸均以失败而告终。经过多次的尝试后，天鹅就渐渐失去了信心，放弃了起飞的念头。慢慢地，它们学会了享乐，学会了安于现状，不再幻想辽阔的蓝天和湖泊，以至于后来我们将它们放进一个大池子里，它们也没有想过逃跑，或许它们早已忘记自己会飞翔了。”

听了管理员的诉说，我猛然醒悟，如果没有远大的志向，即便是有着“高飞冠军”之称的天鹅，也跟普通的鸭子无异，只能整天游荡在几尺宽的水池内，供人们观赏和取乐。

原来，很多时候，人之所以庸庸碌碌，不是因为没有才华、没有能力，而是因为根本没有展翅高飞的信心、雄心和恒心。如果一个人有了高远的目标，哪怕他是一只不起眼的黄雀，也能自由自在地翱翔于天空。

↘

命运就掌握在你的掌心

周　礼

有一个年轻人十分不幸，父母早亡，孤苦伶仃，大学没有考上，好不容易找了一份工作，但干了不到一年公司就倒闭了。后来，他考了驾照，做了一名货运司机，他没日没夜地工作着，想要以此改变命运。谁知好景不长，一次疲劳驾驶，他连人带车翻到了一个山沟里，虽然保住了性命，却欠下了一屁股的债。再后来，他跟人合伙做生意，这一次他的运气不错，不仅偿还了银行的贷款，还买了房子和车子。然而，命运之神似乎总是跟他过不去，没过多久，他因为轻信于人，被骗去了一千多万。一夜之间，他又变成了一个穷光蛋。经历了一连串的打击，这个年轻人彻底绝望了，他取下腰间的皮带，挂在树上做成一个套，想要就此了结自己的生命。

幸好一位路人经过，救下了他。

路人不解地问年轻人：“你有什么想不开的，竟干出这等蠢事。”年轻人泪流满面，他将自己的不幸遭遇一一告诉了路人。路人听后感叹说：“你的遭遇的确让人同情，但无论如何你都应该好好地活着，连蝼蚁都懂得爱惜自己的生命，更何况是人呢？”

年轻人点点头，表情痛苦地问路人：“你相信命运吗？”

路人郑重地回答说：“我相信。”

年轻人问：“那我如何才能改变自己的命运呢？”路人没有立即回答，而是让年轻人将手慢慢收拢，并紧紧地握成拳头。随后，路人淡淡地说：“你现在瞧瞧，你的命运掌握在哪里？”

年轻人毫不犹豫地回答说：“当然在我的手心里。”

路人语重心长地说：“对！命运就在你的手心，选择什么样的人生，完全由你自己决定。虽然你现在失去了财产，失去了事业，失去了爱情，但你还有健康的身体、聪明的大脑、丰富的人生经验，只要你愿意，一切还可以从头再来。”

年轻人听后恍然大悟。从那以后，无论遇到怎样的不顺，他总是付之一笑，因为他始终坚信：命运掌握在自己的手里，从哪里跌倒，就从哪里站起来。世上没有永远的幸运，但也没有永远的不幸，只要坚持不懈地奋斗，终有一天会过上自己想要的生活。

↘

找到你的隐形翅膀

沈岳明

汉斯·泰勒极不满意自己的形象。他的母亲在怀他的时候，因误食了药物，使汉斯·泰勒一出生便是畸形。他不但矮小，而且驼背、豁嘴、短臂短腿，还长着一对天生的招风长耳。那模样光用难看来形容，恐怕还不全面，更确切地说是滑稽。因为只要是第一次见到汉斯·泰勒的人，无不笑得岔了气。

为此，汉斯·泰勒很是自卑，他恨父母给了他难看的容貌，更恨那些取笑他这副长相的人们。他没有朋友，也没有哪个女孩愿意跟他交往，年过三十的汉斯·泰勒还沉醉在酒精里，自暴自弃地度日。汉斯·泰勒曾经两次自杀未遂。一次是他准备开煤气自杀，另一次是在冬天跳进了屋前的河水里，但都被他的母亲及时叫人将他救起。他对父母说，他这辈子是没希望了，他的父亲见他这样，除了唉声叹气也毫无办法。

只有他的母亲坚信他不是一个废人。母亲常对父亲说：“他跟别人一样，也有一双会飞翔的翅膀，只是现在他的翅膀还不足够丰满，没有足够的力量飞翔，我相信总有一天他会飞起来的。”汉斯·泰勒的父亲说：“你就别再自欺欺人了，别人家的孩子，像他这么大年龄有的都当上了公司总裁，就是再差的也成家立业、娶妻生子了。你看他，我们还能指望他什么呀？”

汉斯·泰勒刚开始也不相信母亲的话。他说：“别人哪一个不是生得高大威武，我却没有一个凳子高。别人都有一双长腿，一双长臂，而我却有一双长耳朵！”汉斯·泰勒气急了，还用刀砍自己的耳朵，他觉得那双长耳朵是父母给他的最大的耻辱。可是，母亲却说：“孩子，你不懂，我敢肯定，你的那对长耳朵是上帝送给你腾飞的翅膀，只是上帝将它安错了地方而已，但它并不影响你飞翔！”母亲的话成了汉斯·泰勒最后的安慰。

有一天，刚喝完酒的汉斯·泰勒又在街上闲逛时，突然遇到了一个人。一般认识他的人都已经习惯了他的模样，所以表现得很平静，而那个人是第一次看到他，所以当时便忍不住捧腹大笑起来。汉斯·泰勒勃然大怒，他最见不得别人如此笑话他，所以冲上去要跟那人拼命。由于长得矮小，而那人却生得高大，他只得跳起来用巴掌去打那人的脸。汉斯·泰勒的滑稽模样让那人笑得更加厉害了。

最后，那人的同伴跟汉斯·泰勒说明了真相。原来那人竟然是大名鼎鼎的导演威尔逊，他正在拍摄的一部影片里，刚好需要一个像汉斯·泰勒这样的喜剧角色。汉斯·泰勒的形象和他刚才的表演令威尔逊大为赞赏。当威尔逊说要请汉斯·泰勒去当演员时，他不敢相信地问："这是真的吗？像我这样一个丑陋无比的人，怎么能上荧幕当演员呢，你没有搞错吧？"

汉斯·泰勒没有辜负威尔逊的厚望，他以滑稽的表演赢得了观众的掌声，一夜之间便闻名天下。特别是他的那对长耳朵，很多小孩子只要一见到他抖动耳朵，便兴奋得大声尖叫，还故意将自己的耳朵拉长，学着汉斯·泰勒的模样和同伴逗乐。汉斯·泰勒成了孩子们的偶像，而他的那对长耳朵还真的像一对会飞的翅膀一样，将他带进了一个光明的世界。

当汉斯·泰勒将父母接到一栋大别墅里跟自己一起居住的时候，汉斯·泰勒问母亲："您当年怎么知道，我的长耳朵是上帝送给我的会飞翔的翅膀呢？"母亲笑着说："其实我们每个人都会得到上帝赠送的翅膀，那是对生活的热爱和追求成功的信念。"

↙

做一条想翻身的咸鱼又何妨

卓 文

邓卓翔曾经是中国国家足球队的风云人物，他 22 岁的时候就成了中国足球的天之骄子，被预测为中国足球近十年来的“领军人物”。几乎所有人都期待看到他走向越来越好的职业生涯，但命运却跟邓卓翔开起了玩笑。他脚踝、膝盖的伤病一直折磨着他，一次次地把他从赛场上拉下来。

从中超到中甲俱乐部，很多人觉得这巨大的落差会令这位足球健将产生巨大的失落感。但是邓卓翔在加入黄海俱乐部后的一次采访中回答了这个问题：因为我之前一直在伤病中，很久没有打过比赛了，所以可能还不是很适应中超的节奏，所以中甲是我更好地选择。而黄海俱乐部非常有潜力，打法先进，实力也不容小觑。人总要面对现实，以我目前的情况来看，想要找回最好的状态肯定需要一个更适合现状的平台。伤病是我不能控制的，中超的局面也是我不能左右的，我唯一能做的就是不浪费任何的机会，争取能在主力的位置上有好的表现。这样，未来的我才可能有机会再返回中超。

几年前，在舜天队签下邓卓翔之后，便把他送往医院治疗了。邓卓翔的膝盖和脚踝的问题都不小。他在三年内做过两次大手术，这样的情况就算是对于一般人来说也会严重影响生活，更别说作为一名职业球员的他。

其实，在刚开始的一段日子里，邓卓翔的心态并不好，有些怨天尤人。后来他看着身边的朋友、亲人对他的关爱，让邓卓翔慢慢地冷静了下来。他不断地告诉自己，不能带给周围人太多的负能量，生活总要继续，梦想也还有机会。于是，在那段日子里，邓卓翔能做的就是让自己尽快恢复健康。关于足球，他所有的理想与追求，都被暂时搁置了起来。这段日子无疑是痛苦的，但是邓卓翔总是安慰自己，人生不就是这样吗？怎么可能都是一帆风顺的呢。

邓卓翔康复以后，开始到申花队继续比赛。在进行了 4 场比赛之后，他膝盖的伤病又复发了。其实在他刚投入比赛的时候，身体就告诉他，膝盖的问题可能又出现了，但是为了有更好的表现，他一直咬牙坚持。但是最终，因为软骨碎片问题比较严重，他不得不再一次停下脚步。

2015 年 10 月，邓卓翔在重庆又一次做完了手术。这次的手术非常成功，为了不再受到伤痛的拖累，他一直坚持康复治疗，直到

2016年下半年，他才终于完全康复，又回到申花队跟队训练。

命运又给了邓卓翔这样一份艰巨的考验。养病的这段时间，申花队的情况发生了很大的变化，中场有了莫雷诺和瓜林，看上去几乎很难再容得下邓卓翔这样的组织型球员了。

后来在申花俱乐部和经纪人共同努力下，邓卓翔租借到黄海俱乐部。在邓卓翔的眼里，黄海俱乐部是一个有着冲超计划与追求的团队。邓卓翔又一次看到了动力与希望。他在后来的一次采访中说道，那时的他很感谢申花的人情味，没有在他伤病恢复之后立即放弃自己，直接把自己卖给中甲，也很感谢黄海俱乐部对于他的支持与接纳。不管未来如何，他将始终怀抱着重返中超的梦想，努力坚持。

邓卓翔说，以前自己的梦想就是打主力，能进一次世界杯。但是随着年龄的增长与病痛的折磨，他的这个梦想变得渺茫。现在他最大的心愿就是能够打好自己足球道路上的每一场比赛，好好享受每一场比赛。当然，对于国家队跟世界杯，他依然怀有梦想。“我现在就像是一条期待翻身的咸鱼，绝对不会放弃。”

生活总是会给我们太多的考验，面对着各种各样的难题与困境，我们应该、也要学习邓卓翔的这种“咸鱼”精神，但是我们必须是一条想要翻身的咸鱼。无论处于怎么样的低谷，始终怀抱梦想，始终坚持奋斗，始终期待生活会给我们带来惊喜！

↘

成功没有想象中那么难

周 礼

一些成功人士在谈及自己的创业经历时，总是喜欢夸大其词，什么劳其筋骨，什么饿其体肤，什么悬梁刺股，什么废寝忘食……将成功说得像天上的月亮一样高不可攀，遥不可及，让无数的后来者望而却步。成功真的那么难吗？

无可厚非，成功需要付出巨大的努力，但也并非人们想象的那么难。有一次，一位世界知名企业家举办了一场声势浩大的演讲会，慕名而来的有志青年不计其数，黑压压地坐满了整个会场，大家都想从企业家那里获得成功的经验和方法。

不一会儿，在大家的殷切期盼中，企业家笑容可掬地走向了主席台。大家猜想这位企业家肯定会发表一大通振聋发聩、感人肺腑的金玉良言。可让人意想不到的是，企业家上台后一言不发，只是拿着手中的锤子，不停地敲打着前面的一张桌子。由于桌面是用坚硬的钢化玻璃做成的，企业家敲打了数十下，桌子依然完好无损。

企业家的疯狂举动令台下的听众目瞪口呆，虽然大家不明白企业家为什么要使劲地砸桌子，但出于尊重和礼貌，没人上前去打断他。大约过了半个小时，企业家累得气喘吁吁、满头大汗，但他仍然努力地坚持着，丝毫没有停下来的意思。

大家觉得这场演讲特没意思，正准备离场而去时，突然一阵清脆的响声打破了会场的沉寂，大家惊奇地发现，企业家面前的桌子碎了一地。随后，企业家抹了抹额头上的汗水，微笑着对大家说："其实，成功并没有你们想象中那么难，就像我面前的这张桌子，虽然它表面上看起来十分坚固，但只要我们朝着同一个位置不停地敲打，用不了多久，它就会屈服于我们的执着。"

还有一位叫彼尔的作家，他十分喜欢养鸟，并在后院里专门安装了一个喂鸟器。有一天下午，彼尔惊奇地发现，一群松鼠闯了进来，不仅吃光了喂鸟器中的所有食物，还吓得鸟儿四处逃散。彼尔十分生气，他立即到商店买了一个带有铁丝网的防松鼠的喂鸟器，他满以为这次万无一失，从此可以高枕无忧了。谁知，没过多久，他的喂鸟器还是被松鼠破坏了。

彼尔怒不可遏地找到商店的老板理论："你卖的是什么防松鼠喂鸟器呀，一点儿也不管用，你必须赔偿我的损失。"商店老板不慌不忙地说："先生，你别生气，我会赔偿你的，不过，你要明白，这个世界上根本就没有真正的防松鼠喂鸟器。”彼尔认为商店老板是为了推卸责任，于是他鄙夷地说：“你开玩笑吧！以现在的科技水平，竟然阻止不了一只小小的松鼠？”商店老板严肃地说：“是的，先生。我想问你一个问题，你每天大约花多少时间监视松鼠？”彼尔回答说：“不太清楚，大约十来分钟吧。”商店老板继续问道：“那你知道松鼠每天用多少时间来破坏你的喂鸟器吗？”彼尔摇了摇头。商店老板说：“它们醒着的每时每刻。因为松鼠一天中有 98% 的时间都在寻找食物，没有什么东西能抵挡得住它们的进攻。”

看，成功就是这么简单，只要你肯将大部分的时间都用于做同一件事上。

不必放大心中的“怕”

西 武

一个平凡的上班族麦克·英泰尔在37岁那年做了一个疯狂的决定：放弃他薪水优厚的记者工作，把身上仅有的3美元捐给街角的流浪汉，只带干净的内衣裤，由阳光明媚的加州出发，靠搭便车与陌生人的仁慈横跨美国。

他的目的地是美国东岸北卡罗来纳州的恐怖角，这是他在精神快崩溃时做的一个决定。

原来某个午后英泰尔问了自己一个问题：如果有人通知我今天死期到了，我会后悔吗？答案竟是那么肯定。虽然他有好的工作、美丽的同居女友以及亲友，但他发现自己这辈子从来没有冒险过，平顺的人生从来没有高峰或谷底。他为自己懦弱的上半生而哭泣。

一念之间，他选择北卡罗来纳州的恐怖角作为最终目的地，借以展示他征服生命中所有恐惧的决心。他检讨自己，很诚实地为自己的恐惧开出了一张清单：怕保姆、老师、邮差，怕鸟、猫、蛇，怕蝙蝠、黑暗，怕公共场所、荒野、聚会，怕热闹又怕孤独，怕失败又怕成功，怕精神崩溃……他几乎无所不怕，却似乎“英勇”地当了记者。

英泰尔成功了，四千多里路，七十八顿餐，仰赖八十二个陌生人的仁慈。没有接受过任何金钱的馈赠，曾在雷雨交加中睡在潮湿的睡袋里，遇到过几个像公路分尸案杀手或抢匪的家伙使他心惊胆战。他在游民之家靠打工换住宿，住过几个破碎的家庭，碰到不少患有精神疾病的好心人，最终他来到恐怖角，接到女友寄给他的提款卡。

恐怖角到了，但这里并不恐怖。原来，“恐怖角”这个名称，是由一位 16 世纪的探险家取得的，本来叫“Cape Faire”，被讹写为“Cape Fear”只是一个失误。

麦克·英泰尔终于明白，“恐怖角”这名字的不当，就像他自己的恐惧一样，只是人们心中那个与生俱来的“怕”字在作祟。

与此相似的故事，是我在《读者》里面看到的，故事的内容不同，但所说的道理却是一样的：

一个少年怕独自走夜路。父亲问他：“你怕什么？”少年答：“怕黑。”父亲问：“黑为什么可怕？”少年答：“像有鬼似的。”父亲问："你见过鬼？"少年笑了："没有。"父亲问："那么，现在你敢独自走夜路了吗？"少年低头："不敢。"父亲问："还怕什么？"少年答："路边有一片坟地。"父亲问："坟地里有什么声音或鬼火之类的吗？"少年答："有虫叫，没鬼火。"父亲问："白天的虫叫与夜里的虫叫有何区别？"少年：……

一名新兵怕跳低板墙。连长问他："为什么不敢跳？"新兵答："怕栽倒。"连长问："你以前跳过吗？"新兵答："没有。"连长问："那么低板墙绊倒过你吗？"新兵低头："当然没有。"连长问："那你怎么知道它会使你栽倒？"然后，连长令新兵跳高，成绩为1.7米。连长又问新兵："你知道低板墙有多高？"新兵说："不知道。"连长说："1.5米。"

一名失业青年近几年在家埋头写作，在报刊上发表了一千多个"豆腐块"。一天，父亲指着一则招聘启事说："某报社需要编辑，快去试试！"长期与社会缺少直接接触的青年胆怯地说："我未必行。"父亲问："为什么？"青年答："没学历。"父亲问："或许你发表的作品能打动报社总编呢？"青年答："那么多大学毕业生应聘，怎么会看上我呢？"父亲问："你见过总编了？"青年答："没有。"父亲问："你了解过全部竞争对手了？"青年答："没有。"父亲问："那你究竟怕什么？！"

怕走夜路的少年后来独自走了几回，虽紧张，却平安无事；怕跳低板墙的新兵后来终于咬牙跳了一次，并且以后再也没有犹豫过；怕应聘的青年后来背着一袋报刊去见总编，居然被破格录用……

看过上面这些故事后，在我恐惧着不知道自己有没有能力去完成一件想做的事时，我就对自己说："怕什么，去经历再说。"只有亲身经历过，你才能知道那究竟是怎么一回事。也许等你经历过，你会发现：你对某一件事的害怕就像"恐怖角"一样，只是个错误。

也许还有很多人觉得自己有许多理想没有实现，认为自己的人生还不够充实，可是他们总是因为种种害怕、担忧而没有付诸行动。没有行动，不去经历，理想永远没有实现的一天。所以，现在你就赶快克服自己心中的那个"怕"字，先去经历一下，也许在不远的前方，你就会看到成功的彩虹！

人生苦短，内心必须强大

卓 文

很久很久以前，有一位德高望重的僧人在乡村里过着平静淡泊的修行生活。

有一天僧人出门的时候，在门口发现一只几乎冻僵了的小老鼠，僧人善心大发，把小老鼠抱进了屋子里，并用双手不停地温暖它，直到小老鼠渐渐苏醒过来，恢复了健康活力。

小老鼠对僧人感激不已，便和僧人生活在了一起。白天，小老鼠就跑到外边晒太阳玩耍，晚上，它就在温暖的羊毛毯上听僧人给它讲各种各样的小故事，生活得自在快活。

唯一让小老鼠感到有些惶恐的是，在僧人家里还养着一只猫，虽然这只猫性子还算温顺，并不会伤害它，但是它每次见到猫还是不自觉地会心里害怕。

有一天，小老鼠终于鼓起勇气对僧人说道：“慈悲的大师，跟你生活在一起我真的很开心、很幸福，我本不该再向您提什么要求，但是有一件事情，我还是想请求您的帮助。”

僧人微笑着，低头慈爱地问道：“是什么事情呢？”

小老鼠回答说：“是关于您家的猫。每次我看到它，心里都会莫名的害怕，我想请求您，能不能把我也变成一只猫呢，这样我就不怕它了。”

僧人点头答应了小老鼠的请求，把它变成了一只猫。

小老鼠以为这下就万事大吉了。可谁知道，它刚出门就看见了一条凶猛的大狗，吓得它连滚带爬地赶紧溜回了屋子。它可怜地向僧人讲述了自己的遭遇，并再次请求僧人：“慈悲的大师，您能不能把我变成一条狗，这样我就不会再害怕它了。”

僧人又一次答应了小老鼠的请求，把它变成了一条狗。

“这下该不会有什么问题了吧？”小老鼠美滋滋地、大摇大摆地走出家门。可还没等它神气够呢，一只大老虎突然出现在它的身边。小老鼠吓得屁滚尿流，拼了命地赶紧往家跑。

它沮丧地向僧人讲述了这次的经历，并希望僧人可以把它变成凶猛的大老虎。僧人又一次痛快地满足了它的要求。

可这次还没等小老鼠出门呢，就先在厨房里遇见了猫，它吓得尖叫一声，惊恐万分地跑到了僧人身边。

小老鼠百思不得其解，它困惑极了，便向僧人问道：“慈悲的大师，为什么我现在变成了老虎，还是会害怕猫呢？”

僧人听了它的问题不禁哈哈大笑起来。随后，僧人语重心长地对小老鼠说：“其实，你害怕不害怕猫，不在于你的身形是猫、狗还是老虎，而是在于你的内心。你的心还是小老鼠的心，所以你怎么可能不害怕猫呢？什么时候，等你有了足够强大的内心，你的胆怯就会消失不见。”

诗人汪国真说过：“心晴的时候，雨也是晴；心雨的时候，晴也是雨。”

拥有什么样的心，就会拥有什么样的想法，而想法会直接决定行动。所以，如果内心不足够强大，就不会有更强大的动力与决心。

人的一生中，可能也会遇到“猫”“狗”“大老虎”，甚至是更大的、更难以跨越的困难。但是，拥有一颗强大的内心，再大的困难，也会变得渺小。或许，我们无法改变外在的环境，但是我们却可以掌握自己的内心。而这，是我们奋斗中最珍贵的财富。

低头的智慧

卓　文

一只蝴蝶从敞开的窗户飞进来，当它想要出去的时候，在房间里一圈又一圈地飞舞，却发现自己迷路了。蝴蝶左冲右突努力了好多次，但都没有办法飞出房间。

这只蝴蝶之所以无法从原路飞出去，是因为它总在房间顶部的空间寻找出路，总不肯往低处飞——那低一点的位置正好有敞开着的窗户。甚至有好几次，它都飞到离窗户至多两三寸的位置了，可就是不肯再飞低一点！最终，这只不肯低飞一点的蝴蝶用光了气力，气息奄奄地落在桌子上死去……在动物界，还有一种叫马嘉鱼的动物表现得更加死板，简直就是一条道跑到黑的典型。所以，捕捉马嘉鱼的方法很简单，就是用一个带孔眼的竹帘拦截它们。马嘉鱼不爱转弯，即使闯进罗网中也不会停止，所以一只只马嘉鱼“前赴后继”被竹帘拦截下来。

很多人在生活中就像上面的蝴蝶和马嘉鱼，一方面不断抱怨人生的路越走越窄，看不到成功的希望，另一方面却因循守旧，不愿改变，总是在习惯的老路上继续前进。其实，如果我们调整一下目标，改变一下思路，完全会出现柳暗花明又一村的无限风光。

富兰克林，年轻时曾去拜访一位德高望重的老前辈。那时的他年轻气盛，挺胸抬头迈着大步。可是刚要进门，他的头就狠狠地撞在了门框上，痛得他一边不住地用手揉搓，一边看着比他的身子矮一大截的门。出来迎接他的前辈看到他这副样子，笑笑说：“这将是你今天访问我的最大收获。一个人要想平安地生活在这个世界上，就必须时刻记住：该低头时就低头。”

在现实生活中，我们应该去学着低头。低头并不是妄自菲薄与自卑，它意味的是谦虚、谨慎。其实，低头并不难学。只是你要知道，当自己摸到一张烂牌时，不要再希望靠着它取胜。只有傻子才在手气不好的时候，对自己手上的一把烂牌说，我们只要努力就一定会胜利。学会低头，就是在陷入泥潭时，爬起来后知道远远地离开那个泥潭。只有笨蛋才会在狼狈不堪的时候，对自己的鞋子说，我们是出淤泥而不染的。

低头是需要勇气的。的确，否则又怎会有明知是输，依然执迷不悟的赌徒呢？有些人常常因光鲜亮丽的事物迷失了方向，以不屈不挠、百折不回的精神坚持到底，结果输得更多，甚至输掉了自己。

↘

眼中有什么就能成为什么

沈岳明

有两个研究生，一位叫吉斯特，一位叫提尔曼。在即将毕业的时候，他们跟随导师去一家大公司参观。参观完毕，导师问吉斯特："你在这里看到了什么？"吉斯特说："我看到了豪华的办公楼，舒适的宿舍，宽大明亮的饭厅。能够在这里工作，真是人生最大的享受啊！"导师摇了摇头，没说什么。

导师又问提尔曼："你在这里看到了什么？"提尔曼说："我看到了这里的产品，确实是世界上最先进的产品，但它的市场却不大，还需要加大力度去开拓。而要想开拓出更大的市场，不但需要更加专业的知识，还需要更加执着的精神。"导师点了点头，也没说什么。

数年后，吉斯特成为这家大公司里的一名正式员工，享受着不错的待遇。而提尔曼却当上了该公司的总裁。当他们再次见到导师，并向导师报告自己的工作情况时，导师说：“几年前，我就猜到了你们的今天。”

两人不解，忙问何故。导师说：“那是因为，眼里只有虫子的是山雀，而眼里只有天空的才是雄鹰。豪华的办公楼、舒适的宿舍、宽大明亮的饭厅，这些都是人类的享受之物，也就是山雀眼中的虫子。而公司里的产品和产品的销售市场，才是值得追求的东西，也才能够提升人的价值。它才是雄鹰眼中的长空。”吉斯特关注的是享受，所以他成了一名待遇不错的员工，而提尔曼只关注产品和市场，他成了总裁。

这家公司就是美国的劳氏公司，该公司的总裁名叫罗伯特·提尔曼。罗伯特·提尔曼在任劳氏公司总裁后，以自己的能力证明他是一只翱翔蓝天的雄鹰。短短几年时间，劳氏公司便被美国《财富》杂志评为世界 500 强公司。

怎样的选择，决定了怎样的工作；什么样的眼光，决定了什么样的命运。你所关注的东西，就是你的未来。眼光越远，发展空间越大，越是鼠目寸光，发展空间就越小。

↘

只有你能决定自己想要的生活

卓　文

本杰明．富兰克林曾经说过："我未曾见过一个早起、勤奋、谨慎、诚实的人抱怨命运不好；良好的品格，优良的习惯，坚强的意志，是不会被所谓的命运击败的。"其实，生活可以过得将就，也可以过得讲究。当你学会接纳世界的不公平，包容自己的不完美，以积极的人生态度面对生活中的磨难，不断去成长，去改变，去超越，才能过上自己想要的生活。

1992 年，因家境贫寒的张立勇高二辍学，带着几本高中课本，南下广州去打工。在工作中频频碰壁的他感受到：书到用时方恨少。当今社会是一个信息化时代，一个人没有知识、没有文凭，想要挣钱养活家庭，早日还清家中的债务，过上自己理想的生活，这是何等的难呀！

后来，他来到广州一家中外合资的玩具厂打工。这家工厂生产的产品全部销往国外，订单、包装箱、说明书等都是英文的，他看不懂那些英文字母，所以在工作上屡屡碰壁，工作效率非常低下。工作一段时间后，他明白了学习英语的重要性：不会英语，工作效率提不上去，自己得到的报酬就会比别人少得多，必须得重视英语这门语言。自此，他暗暗地在心里为自己设定了一个全新的目标。

他开始努力学习英语，因没有接受过系统学习，他只能买来一本英语词典，从阅读产品说明书开始，一个单词一个单词地查，一点一点地积累。宿舍里，当室友们喝酒、打牌的时候，唯独他一人在一旁认真地学习英语，室友邀请他一块玩，他拒绝了，室友不理解，说他脑子有病。听到室友的讥讽，张立勇只是笑笑，低下头继续学习。由于他的勤奋和坚持，工作效率不断地提高，他一步步从普通工人升至车间组长、车间主任、包装部经理。在取得一定成绩后，因为工作的日益劳累，加上学习环境太差，张立勇学得越来越吃力，于是他决定换一份工作，挤出时间来好好学习英语。

张立勇的好学精神感动了家人，经过家中亲戚的介绍，他得到了一份在清华大学食堂的工作。张立勇站在清华园里，嗅着清华园里的泥土芬芳，心中非常激动。清华大学，曾经的梦想之地，此刻虽然以另一种身份站在这里，但是他已经很满足了。

在清华大学里，张立勇更加勤奋努力。食堂规定在卖饭时间之前，厨师们有15分钟的吃饭时间。张立勇非常珍惜时间，规定15

分钟，他用7分钟吃完，剩下的8分钟就跑到食堂碗柜的地方开始背英语。在这里，他的同事依然不理解他。清华大学有个英语角，每周三晚上都有众多学生和老师聚在那里，用英语交流学习。张立勇知道以后，每周三下班以后，他都会赶往英语角锻炼口语。从最初只能用一个单词表达，到后来与他人交谈时，能脱口而出一口流利的英语。一次，学生下课晚点，都拥挤在食堂窗口前，环境十分嘈杂。晃动的碗和耳边嘈杂的声音，让张立勇头晕目眩，此时他脱口而出道："Would you please wait for a while ?"听到一句圆熟的英语，学生们愣住了，把伸进窗口的手收回来，仔细打量张立勇，怀疑自己听错了。这时，张立勇对学生们一笑，再次说道："Thanks for your patience ."学生们回过神来，他们对这个身穿白色工作服却说着一口流利英语的师傅钦佩不已。经过这次小事件，张立勇在清华园出名了。他的窗口成了另一处"英语角"，学生们都主动去张立勇的窗口打饭，只为和他用英语进行简单的口语交流。

后来，刘立勇坚持自学，不仅通过了国家大学英语四、六级考试，还参加了托福考试，取得了当时比部分清华学生分数还高的好成绩。从此，张立勇的命运变了，2004年他曾在清华大学校机关工作，后来到北京大学、复旦大学等多个地方开展200多场公益演讲活动。

一位来自贫困家庭的孩子，因为家庭的原因，中途不得不退学，他却依靠自己坚持不懈地努力，一步一个脚印地过上了自己理想的生活。张立勇的成功证明：不要在意他人的眼光，坚定心中的信念，靠自己的努力，你就能过上你想要的生活。

↙

因热爱而努力是一种幸福

卓 文

孙杨是中国泳坛的传奇人物。

2006年，孙杨在浙江省运动会上一游成名，那年他15岁。从称雄全国赛场到获得两届奥运会金牌，是十年的热爱与坚持成就了孙杨，给他带来了无尽的荣耀，让他成为中国泳坛当之无愧的领军人物。

有人说，游泳是最孤独的运动，只有自己孤身往前，奋力划臂摆腿游向终点。但是对孙杨来说，这就是他的热爱。赛场上的光鲜夺目，是赛场下日复一日地高强度训练造就的。长久的孤独、疲惫与枯燥是很多人难以想象与忍受的，但孙杨挺过来了。对他来说，为了自己的热爱而努力是一种莫大的幸福。

每天 4 点半，孙杨准时起床开始训练。这个时候，大家都还在睡觉；害怕尿检出问题，孙杨生病时也不敢吃药，只能靠喝水来康复。2016 年年初，孙杨在训练时跖骨骨折受伤，他却坚持在受伤后的第 11 天就带着脚上的固定支架下水，用没有受伤的一条腿打水坚持训练……聚光灯前，他是秉持热爱、拼尽全力游向终点的中国骄傲；聚光灯后，他是十年如一日在水中不停划臂前行的独行者。太多人只是看到孙杨的成绩和金牌，却没有看到过他在金牌背后的艰辛付出。

有人曾问过孙杨："有没有在曾经的某些时刻想过要放弃游泳这条道路？"孙杨不假思索地回答道："也许我可以选择休息，也可以不再去冲击奥运金牌。但我对游泳的这份热爱不会放弃，它已经成为我的职责和使命。"

唯有热爱，才能始终坚持；唯有热爱，才能勇于挑战；唯有热爱，才能不断突破；唯有热爱，才能对所有的磨砺甘之如饴。正是因为对于游泳的热爱与坚持，孙杨才不断地为中国泳坛书写着传奇与荣耀。

2016 年里约奥运会上，孙杨以 1 分 44 秒 65 的成绩斩获男子 200 米自由泳决赛桂冠，为中国游泳队摘得里约奥运会的首枚金牌。这也是中国奥运代表团在本届奥运会中的第五枚金牌。

人生也是赛场，伴随鲜花与金牌而来的，往往还有挑剔与苛责。在里约奥运会游泳比赛中，孙杨在个人首项比赛男子 400 米自由泳决赛中发挥失常，与金牌擦肩而过，仅获得银牌。这让很多人开始质疑他。25岁，对孙杨来说是难忘的一岁，因为在这一年里孙杨经历了各种接踵而来的流言蜚语，面对质疑与恶意的流言，他始终坚持用成绩来回应。他一直在用行动向世人证明，他从未放弃过自己的热爱！

回顾孙杨的奥运历程：2008年，他在北京奥运1500米预赛中打破亚洲纪录初露锋芒；2012年，他在伦敦奥运夺得两枚金牌，并打破了男子1500米的世界纪录；2016年，他在里约奥运会400米自由泳遗憾丢金后又重整旗鼓，为中国游泳队摘下首金。这些夺目的成绩书写着他对游泳的热爱与坚持。未来，孙杨将用更多的十年去继续他的热爱，去继续书写属于孙杨、属于中国泳坛的传奇故事！

出于各种各样的原因，很多人的梦想其实并不能与自己的热爱画上等号，但是，却仍然有很多人在坚持着这样的梦想，不断砥砺前行。而对于那些梦想即是热爱的追梦者来说，他们追求梦想的过程，蕴藏着更大的幸福。所以，努力让你的梦想变成自己的热爱吧，无关结果，过程就足矣。

↘

摔倒1000次，那就1001次站起

卓 文

伟大的发明家爱迪生，一生中发明了很多东西。最广为人知的，还是电灯。因为电灯的出现，就像是人类的第二轮太阳，即使是在黑暗的夜里，也让人们的生活充满光明。

其实，早在1821年，英国的科学家戴维和法拉第就发明了一种电灯，当时被称为电弧灯。这种用碳棒做灯丝的电灯虽然能够发出亮光，但是它光线刺眼、耗电量大，寿命短暂，并不实用。

爱迪生在当时暗下决心："我一定要发明一种灯光柔和、寿命更长的电灯，让千家万户都能用得上。"

自此以后，爱迪生便开始了他的实验。首先他试验的是作为灯丝的材料：用传统的炭条作灯丝，一通电，灯丝就断了；用钌、铬等金属作灯丝，通电以后亮了一会儿就会被烧断；用白金丝作灯丝，效果也很不理想……就这样，爱迪生陆陆续续地试验了1600多种材料。一次次的试验，结果却一次次的失败。

当时，很多的专家都认为电灯的前途黯淡，短期内不会再有更好的产品问世了。甚至有一些英国著名的专家还讽刺爱迪生的试验毫无意义。有些媒体也跟风报道，认为爱迪生的理想已经变成了泡影。

但是，面对着无数次的失败与这些人的冷嘲热讽，爱迪生丝毫没有退却，更没有放弃。他始终坚信，每一次的失败，都是在为最后的成功做铺垫，失败的次数越多，也意味着自己离成功更近。

有一天，爱迪生的老朋友麦肯基来看望他。在两人的交谈中，爱迪生看着麦肯基说话时一晃一晃的长胡须，突然眼睛一亮说道："先生，胡子，我要用您的胡子试一下！"麦肯锡惊叹于爱迪生的执着与大胆的试验，于是即刻剪下一缕胡子交给了他。爱迪生满怀着信心与希望，挑选了几根较粗的胡子，完成炭化处理后把它们放在灯泡里。但是，令人遗憾的是，这一次他还是失败了。

看着爱迪生这样的坚持，麦肯基被他深深地感动，他鼓励爱迪生："你可以用我的头发再来试一次，说不定可以成功呢！"爱迪生心里明白，头发与胡须的性质是一样的。他明白这位老朋友对自己的支持，却没有采纳他的建议。就在爱迪生起身送麦肯基离开，帮他拉平身上穿的棉线外套时，爱迪生突然想到："为什么我不能用棉线试试呢？"听到爱迪生的想法，麦肯基毫不犹豫地解开自己的外套，撕下一整片棉线织成的布，交给爱迪生。

爱迪生立刻把棉线放在 U 形密闭坩埚里进行了高温处理。

但是由于炭化后的棉线又细又脆，加上爱迪生有些紧张，在他用镊子把棉线放进灯泡的时候，棉线被生生地夹断了。

爱迪生没有气馁，他重新振作，费了九牛二虎之力，终于把一根完整的棉线放进了灯泡。此时，夜幕已经降临了。爱迪生让助手把灯泡里的空气抽干净，并将灯泡安在灯座上，一切准备就绪。

在接通电源的那一刻，灯泡发出了金黄色的亮光，把整个实验室照得透亮。

经过 13 个月的艰苦奋斗，对 6000 多种材料不懈的尝试，进行过 7000 多次重复试验后，终于有了突破性的进展。但是这次，这个灯泡可以亮多长时间呢?

1 个小时,2 个小时,3 个小时……这盏电灯足足亮了 45 小时!这是人类历史上第一盏具有实用价值的电灯。爱迪生终于成功了!

这一天是 1879 年 10 月 21 日，后来被人们定为电灯发明日。

爱迪生并没有沉浸在成功的喜悦中，他又为自己树立起了更高的目标：45 个小时还是太短了，我必须要把它的寿命延长到几百个小时，甚至上千个小时。

爱迪生简直是见到什么都想试试。有一天，他一边扇着竹扇，一边思考着还有什么材料可以拿来试验。他突然想到，如果把竹丝炭化后，会是什么效果呢？他立刻投入了试验，结果表明，用竹丝做的灯丝效果非常好，灯泡可以亮 1200 小时！他趁热打铁，继续改进，经过进一步的试验，他发现炭化后的日本竹丝是效果最好的灯丝。

爱迪生开始大量地生产灯泡，从此以后，电灯走入了千家万户。爱迪生终于完成了自己的人生目标。

后来的很长一段时间里，人们一直都在使用这种用竹丝作灯丝的灯泡。直到几十年后，才又改进成为钨丝灯泡，这种灯泡的寿命又延长了不少。

爱迪生的不懈努力源于他对梦想的追求，而这也成就了他的伟大。没有人的命运会一帆风顺，梦想的路上总会布满各种困难与考验，我们能做的就是不断努力，即使摔倒 1000 次，也要 1001 次站起。

↘

要坚信没有到不了的明天

卓 文

对于日本著名钢琴家馆野泉来说，2002 年 1 月的一个晚上是他有生以来最痛苦难过的时刻。这天，他正弹奏着钢琴，却突发脑溢血，一头栽在了地上，从此右半身瘫痪。但幸运的是，他还活着。

生病后最初的几个月里，馆野泉还是比较乐观的，他以为自己恢复一段时间以后就可以重返舞台，继续用他灵巧的双手弹奏世界名曲，把优美动听的旋律传递给大家。可惜事与愿违，医生告诉他，也许在未来很长很长的时间里，他的右手将一直无法动弹。

馆野泉沮丧不已。因为对于一个钢琴家来说。失去右手，就意味着失去了音乐的演奏能力。

看着馆野泉如此的失落，他的芬兰妻子玛莉亚心有不忍，她对馆野泉说："何不试试你的左手呢？"馆野泉听到妻子的发问突然就愣住了。确实，音乐界也有为数不多的一些曲子是专门为左手演奏者谱写的。

在妻子的劝说下，馆野泉决定尝试一下。他拿出英国作曲家弗兰克布里奇为一位在一战中失去右手的朋友谱写的曲子弹奏了起来。此时，沉醉于音乐中的他完全忘记了自己是在用单手演奏。

为了有更多的演奏曲目，馆野泉请了不少老朋友来帮忙，共同创作了 30 多首适合左手演奏的音乐厅演奏曲目。

在刻苦的练习下，馆野泉终于重新回到舞台。每年他都会举办十几场演奏会，每次演出，他都坐在与钢琴等长的特制椅子上，以便左手能够更好地覆盖整个钢琴键盘。

2006 年，馆野泉中风之后的第四年，在一次演奏会上，完全沉浸在音乐魅力中的馆野泉突然用右手触碰了一下琴键，他惊奇地发现，他的右手竟然可以敲击键盘！虽然有些生疏，但是他还是弹完了一首曲子。奇迹，就这样发生在了右半身瘫痪的馆野泉身上！

在后来的一次演奏会上，馆野泉说道："我用右手弹奏时，有一种春天树叶发芽的感觉。"他的话让台下的妻子热泪盈眶。因为是她告诉馆野泉，"即使右手不能动了，你还有左手；即使右半身瘫痪了，你还有健康的左半身，你失去的只是一半而已。而这剩下的一半，就足以支撑你的梦想。"

生命中总会充满未知的挫折与苦难。当它们真的出现时，我们要做的不是退缩或自怨自艾，而是要时刻准备着，去用自己的力量跨越它、战胜它。信念是我们最基本的能量，要始终坚信，没有到不了的明天。我们要用信念做支撑，坚持做武器，去努力实现自己的梦。

给自己一个撬起梦想的支点

卓 文

阿基米德是古希腊西西里岛叙拉古国的一位伟大的物理学家。他的一生博学多识、善于思考，很受人们的尊敬与赞扬。

在阿基米德确认杠杆原理之前，很多远古时代的建筑奇观都是无法被理解的，只能用奇迹和超自然来解释。比如，沉重的埃及金字塔的建设，船上的桅杆架设等。直到阿基米德经过反复的观察、试验确认杠杆的平衡定律。阿基米德曾在确认杠杆定律之后推断说：只要能够取得适当的杠杆长度，任何重量的东西都可以用很小的力量举起来，甚至说出了“给我一个支点，我就能撬起整个地球”的豪言壮语。

当时的叙拉古国王听说以后，召见了阿基米德，对他说：“对着宙斯起誓，你说的事真是天方夜谭！”阿基米德向国王解释了杠杆原理，国王便问他说：“那你可以去哪里找一个支点，把地球举起来呢？”

阿基米德回答说：“没有这样的支点。”

国王说：“那你怎么让人相信你的力学之说呢？”

阿基米德说：“陛下，虽然没有撬起地球的支点，但是我能给你举出别的例子。”

国王说：“阿基米德，你也太能吹牛了！那你就给我演示一下，看你说的是不是真的。”

正好当时国王有一个难题，他替埃及王造了一艘巨大的船。但是船只造好以后，动员了全城的人也没有办法把它推下水去。

阿基米德答应了国王的要求。

阿基米德离开国王之后，马上开始准备工具，他利用杠杆和滑轮，设计出了一套巧妙的机械。他反复试验，一切准备就绪后，就请国王来观看大船下水。

阿基米德把一根粗绳的末端交给国王，然后让国王轻轻拉动绳子。在国王拉动绳子的同时，那艘巨船真的开始慢慢地移动起来，不一会儿大船便顺利入水了。这短短的一瞬间，仿佛阿基米德给国王和大臣们表演了一场魔术一样，让他们惊叹不已！

国王终于信服了阿基米德，并向全国发布公告，以后只要是阿基米德的研究结论，他绝不质疑！

杠杆原理，让阿基米德告诉了世人一个力量的支点，同时也成为阿基米德科学研究生涯的一个支点。正是有了这样的一个支点，才成就了阿基米德以后的辉煌成绩。

每个人的寻梦过程中都应该有一个支点，它将会成为我们前进的动力与信心的来源，能够不断地支撑我们走向更高的起点。给自己的梦想一个支点，每个人都可能成为下一个阿基米德。

↘

若自己放弃，全世界也无能为力

卓 文

张海迪是中国著名的残疾人作家。1955年，张海迪出生于山东半岛文登区的一个知识分子家庭。她在五岁的时候不幸患上脊髓血管瘤，胸部以下完全失去了知觉，生活不能自理。

当时，医生们一致认为，像张海迪这样的高位截瘫病人，很难活过27岁。面对死神的威胁，张海迪却毅然选择了坚强的人生，不到生命的最后一刻，她绝不放弃自己。

于是，她开始了自己独特的人生。她比任何人都珍惜时间，因为她要用自己勤奋的学习与勤勉的工作去延长自己的生命。

她曾在自己的日记中写道：“我绝对不能碌碌无为地活着，活着就要学习，就要为群众做些事情。”

张海迪没有办法上学，她便在家中自学完成中学全部课程。15岁时，张海迪跟随带领知识青年下乡的父母搬家到了聊城，在那里，她给孩子们当起了老师。看到当地群众缺医少药带来的病痛，她又萌生了学习医术的念头。她自学了针灸，并为乡亲们无偿治疗疾病。她攒下自己的零花钱，买来了医学书籍、体温计、听诊器、人体模型和各种药物，认真研读了《针灸学》《内科学》等医书，掌握了一定的药理穴位知识；她通过解剖小动物的心肺肝肾，熟悉了对应的针灸穴位；她通过在自己身上的练针，找寻针感。功夫不负有心人，短短的几年，她居然成了当地一名年轻的“名医”，能为乡亲们治疗一些常见病和多发病。她在聊城的十几年中，为当地群众治病达10000多人。只要有人求医，她就热情接待。重病号不能行动，她就坐着轮椅，登门给病人扎针、送药。

后来，张海迪又跟随父母返回县城居住。在这段时间里，她常常与文学名著待在一起。她从保尔·柯察金的事迹中受到鼓舞，从高玉宝写书的经历中得到启示，下定决心要走文学创作的道路，用自己的笔去塑造人间美好，去启迪他人。后来，她的作品《轮椅上的梦》终于问世，在社会上引起了极大的轰动与强烈的反响，而她自己也成为山东省文联的专业创作人员。

一旦确定目标，不管多么的艰难，她都要跨过去，这就是张海迪。

张海迪下定决心学习外语的契机非常偶然：有一回，一位老同志拿着一瓶进口药，想让她帮忙翻译，但是张海迪当时也看不懂这些洋洋洒洒的外语。老同志失落的神情刺激了张海迪，她下定决心，一定要学好英语，掌握更多的知识。

从此以后，张海迪就给自己制定了严格的学习计划，她的墙上、桌上、镜子上，甚至手上、胳膊上全都写满了英语单词。每天不完成规定的学习任务就绝不休息。经过七八年的努力，张海迪不仅可以阅读英文版的报刊与文学作品，还成功地翻译了英国长篇小说《海边诊所》。

张海迪并没有满足于自己的现状，在之后的日子里，她仍然保持着良好的学习习惯，自学了日语、德语和世界语。张海迪曾三次应邀出访过日本、韩国，举办演讲音乐会。她自强不息的奋斗历程也鼓舞着不同民族的人们。

相对于张海迪的人生，很多人的起点要高得多，但是张海迪身上这样坚韧的品格，却是很多人缺失的。虽然命运对张海迪是残酷的，但是她的不放弃成就了自己。

现实生活中，很多人往往经受不住生活中的小小考验，从而失去了很多东西。但其实，只要我们自己不放弃，命运又能将我们怎样呢？再糟糕，也不过是从头再来，但是过程中的成长却还是我们的收获。

第 5 辑

有梦想的人
无畏无惧

每人心中都应有两盏灯光，一盏是希望的灯光；一盏是勇气的灯光。有了这两盏灯光，我们就不怕海上的黑暗和风涛的险恶了。

——散文家 罗兰

↘

先让自己变得足够优秀

卓 文

麦森是一个位于德国厄尔士山脚下的小镇。这里毗邻捷克，这个小镇的陶瓷制品闻名世界。

与这里的陶瓷齐名的还有一个人，他叫贝特格。30 多年前，贝特格曾是麦森陶瓷厂里的一位垃圾员。当时，麦森陶瓷厂的技师是一位叫普赛的意大利人，整个厂子的运作完全是靠着这位技师与他的几个徒弟支撑着。

有一天，因为跟厂方意见不合，技师普赛与厂方发生了激烈的争执，普赛一怒之下，带着自己的几个徒弟回到了意大利。

因为这场纠纷，麦森陶瓷厂失去了技术支柱，最终因无人能接替普赛的位置而被迫停产。陶瓷厂的高层领导们也因此乱成一锅粥。

就在这时，贝特格站了出来，他对厂领导们说道："能不能让我试一下呢？"

厂里的领导都愣住了。但随即否定了他的提议："就你？一个垃圾工怎么能干技术的活儿呢？"

贝特格不服气，他当即从家里拿来一个自己烧制的花瓶，对领导们说："请您先看看这个，您认为它跟咱们厂子里的产品相比，哪个质量更好呢？"

厂领导们看完以后一个个都惊得目瞪口呆，他们怀疑地问贝特格："这个花瓶真的是你自己烧制的？"

贝特格肯定地回答道："是的，是我亲手烧制的。"

原来，在厂子里干垃圾工作的近十年里，贝特格每天都在留心观察普赛技师他们的手艺，默默地记在心里，并偷偷地自己试验。日积月累，最终连厂里正式派遣的学艺技师都没有学会的技术，却被贝特格全部学会了。

厂领导们问贝特格："你有什么需要，现在尽管提出来吧。"

贝特格回应道："我现在的月工资是20欧元，能不能将我的月工资提高到30欧元呢？"害怕厂领导们不同意，贝特格急忙解释道："我依然还做我的垃圾工，只是兼职做技师而已，因为我的母亲患有非常严重的哮喘病，我需要这增加的10欧元为她买药。"

厂领导听完他的回答说道："只要你能够取代普赛，你不但可以不用再干运垃圾的工作，而且你还会和普赛一样，拥有每月

10000 欧元的薪资。”

陶瓷厂又开始正常的运作了。贝特格做梦也没想到，自己可以有这样的成绩。

如今，这位曾经的垃圾工已经成为世界顶级的陶瓷技师，名气也远远地超过了意大利的任何一位高级技师。而麦森也成为德国的陶器重镇，享誉世界。

机会总会眷顾那些有准备的人。如果贝特格没有努力学习让自己拥有一身烧制陶瓷的好本事，他不可能会有最后的成就。想要把握成功的机会，我们首先要做的，就是先让自己变得优秀起来。只有具备了坚实的基础，我们才能在机会来临的时候牢牢抓住，实现自己的梦想。

倾斜翅膀的飞翔

沈岳明

1889年5月25日，一位名叫西科斯基的男婴在俄国基辅降生。他的到来使这个原本贫困的家庭雪上加霜。父亲不得不身兼三职，几乎没有时间陪伴孩子，每天早出晚归，疲惫不堪。母亲一边带孩子，一边还要帮人洗衣服贴补家用。

西科斯基得不到父母精心的呵护，从小习惯自己玩游戏。因为很少见到父亲，到能跑会跳的时候，他见到父亲仍然觉得陌生。

不幸在一个严寒的冬天降临。那天，西科斯基的母亲外出揽活，年仅4岁的西科斯基独自在火炉边玩儿，一不小心将炉火上滚烫的开水壶撞倒了，双手被严重烫伤，痛得哇哇大哭。虽然经过医院的及时治疗没有生命危险，却给西科斯基留下了终身残疾：手掌永远向一边倾斜。而那双向一边倾斜的手掌，成了西科斯基羞于见人的耻辱。

西科斯基从开朗顽皮变得自卑脆弱，上学就把手藏在裤兜里，放学回家之后也缩在一旁，双目无神地望着天空中飞过的鸟儿发呆。母亲看在眼里，疼在心上：怎样才能让西科斯基变得快乐起来呢？

一天，西科斯基的母亲在小摊上买了一个竹蜻蜓，高兴地带回家送给儿子。西科斯基双手用力搓着竹蜻蜓的尾巴，随着它的翅膀飞速旋转，竹蜻蜓嗡嗡作响地飞了起来。追赶着飞舞的竹蜻蜓，西科斯基终于开心地笑了。

母亲搂住西科斯基的肩膀，鼓励他说："你看，竹蜻蜓的翅膀多像你的双手啊，也向一边倾斜，但是它照样飞了起来，飞得那么欢快！"西科斯基将竹蜻蜓拿在手上仔细观察，果然那双翅膀跟自己的手很像。竹蜻蜓能够用倾斜的翅膀飞翔，他为什么不能用那双倾斜的手，也高高飞翔呢？

从此，西科斯基迷上了飞翔事业。1908 年，威尔伯·莱特驾机在巴黎进行飞行表演，西科斯基亲眼看见后，更加坚定决心，要亲手制造这种"会飞的机器"。

这个梦想，持续了整整 30 年。

从 1909 年开始，他就着手研制直升机。1939 年 9 月 14 日，西科斯基身穿黑色西服，头戴鸭舌帽，爬进了一架崭新的直升机座舱。直升机轻松升空，在高两三米的地方，飞机居然平稳地悬停了

10秒钟之久，才轻巧地降落地面。经过反复试飞，该机已具有良好的操纵性能，并且具备现代直升机的基本特点。这是航空史上崭新的一页，世界上第一架真正的直升机就此诞生，西科斯基成为世界上第一架实用直升机的发明者！

但他并没有止步于此。在积累了无数教训和经验之后，西科斯基又解决了直升机在空中打转的问题，在机尾安装了一副垂直旋转的抗反作用力的小型旋翼——尾桨，终于使直升机趋向完美。戈尔·伊万诺维奇·西科斯基最终成为世界著名飞机设计师及航空制造创始人之一。

人生总是与苦难同行，有的人甘于沉沦，苦难成了他抱怨命运的理由；而有的人不甘于沉寂，在苦难中奋起，最终获得了成功。也许，命运只给了你一双倾斜的手，但只要心中有梦，那双手也能成长为最有力量的翅膀。

↘

人生是一场万里长跑

周 礼

有两个年轻人，一个叫阿华，一个叫阿兵，大学毕业后他们进了同一家公司，工资都是每月 1500 元。对于这份工作，他们两人有着不同的看法。阿华想，我刚进入社会，没有什么经验，能找到工作就不错了，就当是学习吧，只要自己好好干，做出成绩来，升职加薪那是迟早的事。而阿兵想，待遇实在太差了，但眼下又找不到更好的工作，只能先干着吧，等以后有机会再去别的单位。

虽然两人都觉得工资有些低，但这并未影响到他们的工作积极性，两人你追我赶，恪尽职守，把公司当成了自己的家。公司领导看在眼里，暗暗将他们作为培养的对象。不知不觉两年过去了，其间调了三次薪，他们的工资也涨到了 2500 元。但阿兵并不满足，因为这离他的目标还很远。阿华则不是很在乎，他是一个乐天派，什么都往好处想。他安慰阿兵说："慢慢来吧，没有人能一锄挖个金娃娃。"

一天，阿华和阿兵出去闲逛，正好看到一家公司在招聘业务员，月薪3000元，年底还有红利。阿兵心动了，他高兴地对阿华说："要不咱们跳槽吧，反正待在这儿也不会有什么发展，不如趁早离开。"阿华反对说："算了吧！就500块钱的差距，我们好不容易才步入正轨，要是就这么走了，之前的努力不都白费了吗？"阿兵见劝说无效，只好一个人去了新公司。

一年后，阿华偶遇阿兵，见他西装革履，过得好像还不错。阿兵关切地问："兄弟，你过得怎么样，还在那家公司上班吗？"阿华点点头说："嗯！还在那里，你呢？"阿兵说："我又找了一家新的公司，月薪5000元，还解决住房。要不你过来跟我干吧，别在一棵树上吊死。"阿华摇摇头说："谢谢你的好意！老板对我挺不错的，我不能无缘无故地辞职，那样太不厚道了。"阿兵笑他傻，说人不为己天诛地灭。

十多年后，两人再次见面，但出乎意料的是，阿华已经是一家上市公司的CEO了，而阿兵还是一个看人脸色的打工仔。在这十多年里，阿兵总是这山望着那山高，不断地跳槽，不停地追求高薪，但始终没有找到一份满意的工作。阿华则不同，他在那家公司一干就是七八年，默默地坚守着，努力地奋斗着，最终从一名普通职员升任到了公司总经理。在这七八年里，他不仅磨砺了自己的意志，建立了广泛的人脉，还掌握了公司的运转流程和模式，以及丰富的管理经验，更重要的是他有了创业的第一笔资金。没过多久，他果断地向公司递交了辞呈，开始了自己新的征程。

原来，人生是一场万里长跑，要有长远的目标和坚持不懈的韧劲。缺乏理想，或者只顾眼前利益的人，是没有什么前途可言的。

人人面前都有一根栏杆

沈岳明

巴拉斯出生于一个贫困的家庭，母亲患有精神分裂症，不但无法正常工作，一旦病情发作还常常冲着巴拉斯大声地吼叫，甚至动手打她。父亲因患小儿麻痹症瘸了一条腿，对生活早已失去了希望，不但好赌还酗酒。无人管束的巴拉斯整天像个男孩子一样四处疯跑，跟人打架，还染上了偷盗的恶习。

巴拉斯 12 岁那年，邻居中一个名叫威尔逊的跳高运动员，把她带到运动场上教她练习跳高。巴拉斯站在运动场上不敢动弹。她胆怯地问："威尔逊先生，我真的能像你一样成为一名跳高运动员吗？"威尔逊反问她："为什么不能呢？"巴拉斯说："您难道不知道，我的母亲患有精神分裂症，父亲是残疾人，并且还是一个酒鬼，我家的情况很糟糕……”

威尔逊再次反问她：“这些与你跳高又有什么关系呢？”巴拉斯回答不上来，是啊，这与她跳高又有什么关系呢？巴拉斯嗫嚅了半天说：“因为我不是个好孩子，而你却是那么优秀。”威尔逊摇了摇头说：“除非你自己不愿意成为一个好孩子，没有人天生就很优秀。另外，我要告诉你的是，别将不好的家境当成你变成好孩子的阻力，而要让它成为你的动力。”

威尔逊给她架了一个1米高的栏杆，结果巴拉斯跳过去了。威尔逊又将那根栏杆撤下来，结果巴拉斯仅能跳过0.6米。威尔逊说：“现在这根栏杆就是你苦难的家境，没有这根栏杆，你跳高的时候就没有足够的动力，如果你不相信的话，我现在就将栏杆架到1.2米，你一定也能够跳过去的。”巴拉斯咬了咬牙，真的跳过了1.2米。巴拉斯深深地相信了威尔逊的话，决定要出人头地，以自己的实力来改变家里的现状。

此后，经过威尔逊介绍，她加入了体育俱乐部，并认识了罗马尼亚的全国男子跳高冠军约·索特尔。在索特尔的精心教导下，14岁的巴拉斯跳过了1.51米。1956年夏天，19岁的巴拉斯终于跳过了1.75米，第一次打破了世界纪录。

1958年，她又以1.78米的成绩创造了新的世界纪录，并从此开始了巴拉斯时代。她在1956年至1961年的5年中，共14次刷新世界纪录。1960年罗马奥运会上，以1.85米的成绩获得她一生中第一枚奥运金牌，比第二名的成绩高出14厘米。1961年她再创世界纪录，越过了被誉为“世界屋脊”的 1.91 米的高度。此纪录一直保持了 10 年之久。她从 1959 年到 1967 年，在 140 次比赛中获胜，是世界上跳高比赛获胜次数最多的女运动员，被人们誉为喀尔巴阡山的“女飞鹰”。

其实，我们每个人的面前都有一根栏杆，那根栏杆的名字叫贫穷、饥饿、失业、灾难，或者是生活中其他的种种不如意，只要跳过了那根横亘在自己面前的栏杆，你就成功了。

↘

有梦人生不卑微

彭忠富

在我居住的城市制高点钟鼓楼的一面涂鸦墙上，密密麻麻地写着各种笔迹的留言，中文和英文都有。最简单的当然是“到此一游”之类的句子，有恋人之间互相表白的，也有祝福自己考试取得好成绩的。只有一处留言让我肃然起敬，“我要做第一流的服务员！”那清秀而工整的字迹，一看就是个女孩写的。服务员也是职业之一，只要努力当然可以达到一流水准。

我很好奇，想知道这个女孩到底做到没有。看留言时间是两年前的，按照女孩留下的 QQ 号，我在网上联系了她，说明来意。女孩叫小文，她说那的确是她当初来这座城市打工时留下的誓言，目的是激励自己努力打拼，赢得属于自己的一片天。两年后，小文的理想已经实现了，现在她已经成为那家饭店的大堂经理。女孩说的那家饭店在本市还算小有名气，能在众多的服务员中脱颖而出，成为大堂经理，这应该是非常不简单的。有梦的人生不卑微，癞蛤蟆想吃天鹅肉也是可以的。只要去努力，相信总有一天机遇会垂青于你。

美国有个17岁的少年扎克·霍斯金，出生时没有左小臂，但他一直不放弃篮球梦想，后来他能在美国中学联赛中单场比赛砍下31分，其成绩让那些四肢健全的高中生也自愧不如。一个人没有左小臂意味着什么？首先意味着被打上残疾人的标签，别人能做的事他不能做，或者做得慢；其次无形中会受到健全人的歧视，虽然别人是无意的，但他仍会觉得受到伤害，影响心智发育；最后是一些常见的运动他都玩不了，特别是那些有对抗性的活动，比如篮球、足球等。

但是霍斯金的表现绝对让所有人大跌眼镜。霍斯金虽然没有左手，但上天却给了他超乎常人的运动天赋。6岁那年，在和小伙伴们玩追逐游戏的时候，他的敏捷和迅速，让他从来没有被抓住过。11岁那年，他已是校篮球队主力。因为天生没有左手，父母曾经伤痛欲绝，后来看霍斯金颇具运动天赋，就提供各种条件让他去玩，没想到他还真的玩出了名堂。只要感兴趣的，霍斯金都会去尝试。“所有的运动都离不开手，我知道自己的劣势。别人学一次，我就学两三次，直到掌握了为止。”霍斯金说道。运球、上篮、做假动作、投射，霍斯金一点儿也不输于正常人，甚至成为校篮球队的核心成员。这些成绩的取得，是霍斯金花费了比别人更多的努力才得到的，其中的辛苦也只有他自己才清楚。

“我经常跟自己说，每个人都有自己的梦想，而实现梦想最重要的，是不要给自己找借口。”霍斯金说。

有梦的人生不卑微，但是要想实现自己的梦想，你就得努力，就得克服前进中的困难，不要给自己的失败找任何借口。失败不要紧，哪里跌倒哪里爬起来，只要你一直在努力，哪怕每天只有细微的进步，最终也会成就一番事业。

困境时别轻言放弃

彭忠富

每个人都希望幸福，都在追求幸福，都渴望得到幸福女神的垂青。走在大街上，在熙熙攘攘的芸芸众生中，随便找一个人来问一下：“你幸福吗？”我估计说不的人肯定占九成以上。那么你再问：“你觉得幸福是什么？”我想一些人肯定会支支吾吾地说不清楚，而一些人就会把成功人士作为参照物，来判断自己的幸福感。

其实幸福感是有层次的，是随着个人的境遇而不断变化的。既然幸福标准在不断地变化，那么我们就得不断地追求幸福，生命不息，奋斗不止。这样一来，对幸福的追求就成了推动社会前进的动力。有些人终其一生，也不能打开幸福的门扉；而一些人，由于自己的坚持、坚韧和坚强，幸福会主动来敲门。

当幸福主动来敲门，当我们伸出双手拥抱幸福的时候，我想绝大多数人都会喜极而泣。在幸福垂青的背后，我们得付出多少艰辛的努力啊！如果你稍有懈怠，幸福就会与你擦肩而过。

有一个美国黑人克里斯，从海军退役后做了医疗器械推销员，妻子琳达在一家工厂打工，五岁的儿子克里斯托弗正在上幼儿园。克里斯一家生活得异常艰难，经常拖欠房东的房租，属于标准的社会底层，就差领救济金度日了。克里斯上门推销医疗器械，往往遭到别人的拒绝，而卖不出产品直接影响他家的日常生活，导致夫妻俩争吵不断。克里斯想到了改变，他觉得自己可以去做股票经纪人，这种高薪职业是通向成功的天梯。可是克里斯仅仅高中毕业，挣扎在温饱线上的他对证券业是一窍不通。琳达觉得丈夫是不务正业，夫妻俩的分歧越来越大。

琳达对于这样的贫困日子没法忍受，离家出走，留下克里斯与儿子相依为命。克里斯想方设法当上了一家证券公司的实习股票经纪人。大家都不看好他，因为竞争太激烈了，二十多个实习生只能有一个被公司正式聘用。在实习期间，克里斯没有任何经济来源，被房东赶出门，父子两人流落街头，落魄至极。因为业务的原因，克里斯坐出租车连车费也拿不出来，被车主撵得满街跑；为了十四美元，克里斯不惜和朋友翻脸；他们曾经栖身在火车站的卫生间内过夜，克里斯安慰儿子这是在体验山顶洞人的生活……

现实如此残酷，似乎把克里斯逼上了绝路，可是克里斯毫不气馁，一边努力钻研理论，弥补知识的欠缺，一边利用各种机会，锻炼自己的实践能力，在实习期间就为公司带回了三十多个客户，受到了老板的表扬，并且最终成为一名正式的股票经纪人。后来，克里斯还开创了以自己名字命名的证券公司，迈入了百万富翁的行列。

克里斯成功了，破茧成蝶，幸福为他敞开了门扉。他是男人的榜样，父亲的典范。人人都在追求幸福，这是我们的梦想，也是我们的权利。可是你要记住，成功属于有准备的人，而坚持、坚韧和坚强是开启幸福之门的钥匙，不抛弃、不放弃是叩开幸福的敲门砖。

↘

不止一种出路

周　礼

那年，他和众多做着发财梦的青年一样，兴致勃勃地前往加利福尼亚州淘金。然而，到了那里之后，他才失望地发现，淘金的人多如牛毛，即便努力地工作也挣不了几个钱。一些恶汉还强行划定地盘，不许后来者进入，基本上形成了一种垄断。他尝试了好几次，结果都被人打了出来。就这样，他淘金的梦想在一瞬间破灭了。

怎么办呢？难道就这样灰溜溜地回去吗？他的心里实在有些不甘，自己不远万里来到这儿，就是为了改变贫穷的命运，现在旅资耗费了，时间也耽搁了，而自己却两手空空。尽管他感到有些心灰意冷，但还是不住地给自己打气，困难只是暂时的，危机中一定蕴藏着转机，我绝不会被困住的！

经过几天的细心观察，他终于从那些淘金者的身上看到了一线希望。其实，除了淘金，完全可以做点别的事情，比如卖水和帐篷等。由于大量淘金者疯狂地涌入西部，这儿的日常消费急剧增加，旅馆的价格更是成倍上涨，很多的淘金者只能露宿街头。如果能够为他们提供一些廉价的帐篷和生活必需品，也是一笔不小的收入。打定主意后，他将身上所有的积蓄拿出来，开了一间杂货店，主要出售水和帐篷。真是“有心栽花花不开，无心插柳柳成荫”，生意竟然异常火爆，没过多久，他的腰包就鼓了起来。

他满以为自己的幸福生活就要来临，谁知，好景不长，一些人见他生意做得好，纷纷效仿，一时间多了无数的竞争者。所谓僧多粥少，这锅饭渐渐不够分了，他的生意一落千丈，仓库里积压的帐篷堆积如山，他再一次陷入了绝境，怎么办呢？淘金不成，卖帐篷也不成，难道这次自己真的要卷铺盖走人了吗？

就在他濒临崩溃之时，一个淘金工来到他店里买东西，那人一边掏钱，一边抱怨说：“棉布衣服太不耐穿了，才几天工夫就磨破了，再这样下去，恐怕只有赤身裸体地工作了。”说者无心，听者有意，这本来只是淘金工的一句牢骚之言，但在他听来却犹如一剂良药。他想，如果用那些积压的帐篷做成衣服，不仅可以化解眼前的危机，说不定还能开创出一条新的路子。这儿的淘金工少说也有十多万，一人买一套，收益也不少。

当天下午，他赶紧买来剪刀和针线，用帆布简单地缝制了几件衣服，挂在店里出售。没想到有人竟然出高价买走了，他立刻将这种衣服扩大到了所有的人群，并且打造了一种时尚服饰。再后来，经过不断的改良和创新，这种衣服成了风靡全球的时装品牌——Levi’s（李维斯）牛仔裤。

他就是“牛仔裤之父”李维·施特劳斯。原来，成功就这么简单，只要将目光放得高远些，就能摘到梦寐以求的金苹果。

梦想伴左右，人生永富足

卓 文

梦想一直伴我左右，让我能在迟暮之年也能因梦想获得满足，感谢上天让我拥有可以画画的手，我也感谢自己，在这变幻莫测的生命中，始终坚持着自己的梦想。

摩西奶奶是一位闻名全球的风俗派画家。她 76 岁才正式拿起画笔，在人生最后的二十多年里创作了 1600 多幅作品。80 岁时，摩西奶奶举办了个人画展，现在摩西奶奶的作品在世界各地的博物馆都有展出。

在摩西奶奶还是一个小女孩时，也读过几年的书，在读书时，她感到快乐，书中的世界令她着迷。那个时候，摩西奶奶曾幻想着有一间自己的书房，这个书房的四周都摆满典雅的书柜，在这个梦想的书柜上，堆满各种各样的书，她可以想看哪本书就看哪本书。然而这样的书房摩西奶奶一辈子都不曾有过。

时间很快，摩西奶奶长大了，她不再读书，而是到一个农场上做了一名女佣，她将全部生活都投身到了农场中。摩西奶奶感受着平凡的幸福，在某个闲暇的午后，坐在太阳下，看着自己洗得发白的裙子，幻想着拥有几套时髦而又不贵的裙子和几双漂亮的鞋。但是漂亮的裙子和鞋，摩西奶奶一生从未有过。

当摩西奶奶由于关节炎而不能刺绣后，她拿起画笔，想将一切与梦想有关的东西都画出来。她画了许多看起来很平常的景致和事物，画下了曾经梦想拥有的漂亮的裙子和鞋、书房和动物。

摩西奶奶一辈子没有系统地学过画画，但这不影响她对画画的热爱。她不止一次说：“其实每一个人都可以画画，关键在于你是否真的喜欢……我很快乐，也很满足，即便失去了身边的亲人，我还是必须找到新的依托，幸运的是我发现了画画，我记起了这样一个梦想。生命中不确定的因素太多，可只有画画能够让我感到快乐。作画的过程美妙极了，就好像整个生命在不停地运转一样，让我充满活力。画画能够让人沉醉、兴奋，这是我的乐趣所在，这本身就是一种收获了。”

岁月匆匆，如白驹过隙，在短暂的一生中，我们要做自己喜欢的事，活出真我，让生命充满幸福和快乐。不管贫穷还是富有，无论平凡还是伟大，只有做自己喜欢做的事，才会全身心投入，从而获得真正的快乐，拥有人生真正的幸福。

生命的意义掌握在我们自己手中，不应被外界因素所牵绊。拥有自己的梦想，并为实现梦想而不懈努力，任时光流转，岁月变迁，依然保持自我，还原初心，快乐潇洒地活一生，让自己的人生没有太多的遗憾和悔恨。

经常听到有人说，自己老了，追求梦想太晚了等诸如此类的话，和摩西奶奶比较一下，你还会认为自己太老了吗？还会感叹追求梦想太晚了吗？对一个真正有追求的人来说，生命的每个时期都是年轻的、及时的，重要的是你愿不愿意去付出和行动。

↘

理想离不开现实

周　礼

在很久以前，有两个年轻人去远方追寻自己的理想，不幸的是他们中途遇到了强盗，不仅身上的钱粮被打劫一空，还在逃亡的过程中迷失了方向。他们走了两天两夜也没有走出去。这儿前不着村、后不着店，荒无一人，他们滴水未进，饿得奄奄一息。

就在这时，上天派了一位慈善的长者来帮助他们。长者将一根钓鱼竿和一篓鲜活的鱼放在地上让他们选择。两个年轻人欣喜过望，有了其中任何一样东西，他们就可以活下来。可是选择什么好呢？经过一番深思熟虑后，一个年轻人选择了鱼竿，他的理由是，有了鱼竿，可以钓到更多的鱼，就不用担心以后的日子了。而另一个年轻人选择了鱼，他的理由是，现在饿得前胸贴后背，最要紧的是保住性命，其他的事等以后再说。

就这样，两个年轻人分别拥有了鱼竿和鱼。选择鱼的年轻人用嘲笑的眼神望着选择鱼竿的年轻人，心想，“真是个傻帽，在这里鱼竿有何用？”而选择鱼竿的年轻人用鄙夷的目光看了一眼选择鱼的那个年轻人，心想，“燕雀安知鸿鹄之志哉？咱们走着瞧吧！”

两人分道扬镳后，拥有鱼的年轻人就地生起了一堆火，将鱼穿在一根木棍上烤熟。他美美地饱餐了一顿，惬意地睡了一个大觉。然而，好景不长，他拥有的鱼很快就吃光了，可前方的路依然茫茫无边。短暂的欢愉换来的是无尽的痛苦，这个年轻人最终没能走出困境，饿死在了鱼篓边。临死前他十分后悔，心想，“当初为什么我不选择鱼竿呢？有了鱼竿何愁没鱼，何愁没有出路。”带着无限的遗憾，他不甘心地闭上了双眼。

拥有鱼竿的年轻人心中有了信念，他忍受着一阵阵饥饿的侵袭，日夜兼程，艰难地向前行走着。他想，“有了鱼竿，只要找到一条小河，或一个池塘，他就有希望了，所有失去的东西都会在不久的将来找回，我会拥有别人拥有的一切。”然而，这位年轻人的运气实在太差了，当他好不容易看到大海时，却耗尽了全部的精力，没有一丁点儿的力气垂钓，最后他饿死在了海滩上。临死前，他非常后悔，心想，如果当初自己选择鱼，就不会有今天的下场了。带着无限的遗憾，他也不甘心地闭上了双眼。

两个年轻人的结局令人扼腕叹息。如果选择鱼竿的那个年轻人与选择鱼的那个年轻人能一起走，先利用现有的鱼，渡过眼前的难关，然后来到大海边，再利用鱼竿一同打拼，那样他们不但都能活下来，而且还可以过上幸福的生活，可遗憾的是他们选择了各奔东西。

生活中，有理想的人很多，然而真正成功的人却很少，这是什么原因呢？排除其他因素不说，单就理想而言，有的人好高骛远，不切实际；有的人目光短浅，只看到了眼前的利益；有的人畏首畏尾，中途退却；有的人满腔壮志，却从不付诸行动；有的人贪得无厌，作茧自缚；有的人德才兼备，但南辕北辙……而只有那些将理想与现实很好地结合起来，一切从实际出发，一切从所处的环境出发，一切从自身的能力出发的人，最终才能走向成功。

农夫成就的首富

沈岳明

印度首富米塔尔，在他还是一个普通打工者的时候，曾经碰到过一位农夫，也正是那位农夫，影响了米塔尔的一生。

米塔尔那时刚刚失业，也许是因为太年轻，不懂得如何处理工作中的人际关系，也许是因为工作经验不足，技术质量过不了关。总之，他虽然在许多地方工作过，但总是遭到无情的辞退。

在又一次失业后，无限沮丧的米塔尔一个人来到了乡下，与其说他是想在山野之间呼吸一口清新的空气，还不如说他是想在这里找到一份暂时的宁静。

正在望着田野发呆的米塔尔，突然发现一个正在耕地的农夫停在那里不动了。好奇心驱使米塔尔走了过去。米塔尔问农夫："怎么啦，有什么需要我帮助的吗？”农夫望了望米塔尔，说：“年轻人，我还真的是遇到了难事，如果你想帮助我的话，那就替我看管一下我的牛吧。”

米塔尔问：“怎么，你不想继续耕地了？那你现在要去哪里呢？”农夫说：“我的犁上有一根铁栓断了，没办法继续耕地了，我得去铁匠铺打根新的铁栓回来。”

米塔尔问：“什么是铁栓？”农夫说：“看，就是这个小玩意儿。”米塔尔看着农夫的手里正拿着一根小小的铁钉说道：“这么个小玩意儿，值得跑一趟铁匠铺吗？”农夫说：“确实不值得，但没有它又不行。”米塔尔不想替他看牛，便说：“能不能用别的什么东西来替代那根铁栓呢？”农夫说：“办法倒是有，用根树枝也行，但谁也无法保证它能用多久。”

最后，米塔尔还是答应了农夫请他看牛的请求。两个小时后，农夫满头大汗地赶回来了，同时他的手里拿着一根崭新的铁栓。由于有了那根新铁栓，那片地在太阳还没有完全落山之前便耕完了。望着那片新耕的土地，农夫笑着说：“如果我们没有这根铁栓，而是用根树枝或者其他什么东西替代它，就算是忙到天黑，这片地也是耕不完的。”为了感谢米塔尔替他看牛，农夫邀请米塔尔去他家共进晚餐并留宿。

那晚，米塔尔躺在简陋的农舍里，怎么也睡不着。不是因为他嫌弃农舍的简陋，也不是因为感动于农夫的招待，而是感动于农夫对工作的那种热情与积极的态度。与农夫相对比，他才发现了自己的缺陷。农夫拥有的，正是他所缺少的。而现在，他觉得他已经找到了自己所缺少的东西。

第二天天还没亮，他便起床了，他没有吵醒熟睡的农夫，未向农夫告别，一个人回城了。在以后的日子里，他一直都是以农夫为榜样来对待工作的。终于，他将自己的事业越做越大，并成了印度首富。

成功后的米塔尔说："其实成功并不难，只要你用全部的爱和满腔的热情，去拥抱一件微不足道的小事，这样长久地坚持下去，你就会拥有巨大的成功。"

谁也想不到，米塔尔的成功秘诀竟然来自一个农夫。

↘

勇于向他人寻求帮助

彭忠富

从密歇根大学毕业后不久，兰德尔就在底特律最好的广告代理公司之一罗伯特·所罗门联合公司谋到了一份工作。入职后不到一周，兰德尔就被公司的创意总监凯瑟琳叫到她的办公室。凯瑟琳端坐在办公桌后面，仪态万方，一只手端着咖啡杯，另一只手夹着一根香烟，用一侧肩膀夹着话筒，与此同时快速且有条不紊地向进出她办公室的每个人布置任务。

兰德尔就像一个听话的小学生一样，惴惴不安地走到她的办公桌前。凯瑟琳随手拿起一张报纸，冲他晃了晃。兰德尔的眼中立刻绽放出光彩。这是他的第一个重大任务，而且还是由他的上司亲手交给他的。

“拿着。”她说，“把这个 schlep 节目现场。”说完，她就把一份广告设计递到了他手中。兰德尔看上去就像是一个来自中西部农场的大男孩，脸上稚气未脱的他看起来更像被一个大面团或大土豆砸中了一样，傻愣愣地站在那里——他不知道 schlep 是什么意思。他又在原地站了一小会儿，等待上司接下来的指示。然而凯瑟琳的注意力早已转移到其他人身上。在礼貌地回答了一声“好的，夫人。”之后，兰德尔回到了自己的工位上，静静地冥思苦想。可是，没有任何头绪的他思索良久后依旧一筹莫展。

“也许，是复印的意思？”他想，“又或者，把它拆解开来？”他开始着手研究这个词语的含义。他先是翻了翻自己的市场营销课本，里面没有任何关于 schlep 的内容。他又打开各类广告书，还是一无所获。如果他询问同事，这只会让他看起来像个无知的白痴。试试谷歌？结果依旧令他失望。

或者，直接去找那个令人望而生畏的上司，告诉她自己不知道如何 schlep ？但如果他这样做，一定会被炒鱿鱼。“看来我不得不重返校园，去学法律了，”他心想，“我的这份工作算是彻底完蛋了。”

在痛苦中煎熬了两个小时后，兰德尔整理了一下思绪，决心面对这一事实。他走进凯瑟琳的办公室，房间里烟雾缭绕，几位广告策划正为了一位客户的产品展示据理力争，乱成一团。

兰德尔清了清喉咙：“对不起，打扰一下，夫人。”

谁也没有听到他的话。

“夫人？”

“你有什么事，孩子？”终于，这位创意总监注意到了站在她面前的这个一脸紧张的年轻人，开口问道。

“我，我不知道 schlep 是什么意思？”

正如兰德尔害怕看到的那样，上司听了他的话后立刻哈哈大笑，甚至把杯子里的咖啡都洒了出来。她拨通了公司大老板罗伯特·所罗门的分机号码——她在电话里告诉他，他们刚刚聘请了一个大傻瓜。当看到罗伯特本人推门进来的时候，兰德尔瞬间石化了一般，整个人彻底呆住了。好吧，一切都结束了，他心想。

“罗伯特，”创意总监大声说道，“这个新来的小孩不知道 schlep 是什么意思。”

罗伯特大笑着摇了摇头。此时此刻，身穿一套崭新的布鲁克斯兄弟牌西装的兰德尔看上去显得更小更嫩。

“孩子，”过了好久，凯瑟琳终于说道，“schlep 是带来或带到的意思。你只要把这个带到节目现场就行了。别担心，你在这里会有出色的表现。当你不知道答案的时候，敢于开口提问是正确的做法。”

兰德尔记住了凯瑟琳的话——不懂就问，很快他就成了公司里的业务能手。由于他在公司里表现出色，年底获得了升职的机会。

就在那一天，兰德尔学到了朴实却相当重要的一课。一场迫在眉睫的灾难被他转化成了一次赢得老板青睐的绝佳机会。面对一个不懂的问题，凭借着自己的无畏无惧，他没有保持沉默，而是鼓起勇气开口提问，此举使得老板对他另眼相看。

不懂就问，暂时糊涂；不懂不问，一世糊涂。随着时间的推移，一个人的能力会与日俱增，而自己的那些不懂之处或是错误，不过是上天赐予我们学习和改进的机会罢了。谁都不是圣人，一辈子不求别人帮助也是不可能的。因此，我们不妨学会抛开骄傲，勇于向他人寻求帮助。无论你是老板，还是公司里的新人，这一点都是非常必要的。

↘

给别人留条路

彭忠富

但丁曾说过:“走自己的路，让别人去说吧！”这句话掷地有声，不知鼓舞了多少有志青年。可是近年来恶搞风泛滥，有人把这句话改成了:“走自己的路，让别人无路可走！”几字之差，意思大相径庭，勾勒出一批人得意忘形的嘴脸。如果我们照此追捧，必定会给自己和别人带来伤害。

人生的道路漫长，我们在学习、生活和工作中，会遇到不少竞争对手，这本来无可厚非。但是如果我们为了在竞争中胜出，不择手段打压对手，从而让别人无路可走，这就有些不妥了。竞争之中，各方斗智斗勇，全力拼杀，但彼此之间应保留着一份起码的尊重。竞争者都想打败自己的对手，取得胜利，但是应该避免采用剥夺对手的基本权利的方式。所谓得饶人处且饶人，如果在竞争之中，给别人留条出路，那么也就等于给自己留了条后路。

明朝时，芜湖城内有两大粮商汪真润与曹伯才，每年的秋收季节，芜湖地区的粮食收购几乎被这两家粮店垄断。两人一个在江南，一个在江北，倒也相安无事。可是汪真润为了能收购到更多的粮食，为了挤垮对手，将收购的价格上涨了许多，以致江北的一些农民都跑到江南来卖粮。无奈，曹伯才只得将粮价上涨，可他只涨到与汪真润给出的粮价持平，也就是向汪暗示他无意竞争，但汪却再次提高粮价。忍无可忍之下，曹伯才开始反击，抬高粮价并派人到江南拉拢顾客。就这样，一来二去，双方的损失都很惨重。这是汪真润逼人太甚的结果，也是他不懂得对人宽容就是对己宽容的结果。

商场如战场，但是商战也需要一个自由而有序的竞争机制，需要遵守一定的游戏规则。竞争是为了获利，但如果竞争者为了满足本人无休止的利益欲望，占尽了他人的利益，不让其他人获利，那么这样的竞争者只能获利一时，不可能得利一世。

北京的同仁堂药店是百年的老字号。能够生存数百年而成为不倒翁，同仁堂肯定有自己独特的经营之道。晚清时期，时局混乱，生病抓药的人特别多。同仁堂的名气吸引了大量的客源，因此一直门庭若市，生意兴隆。但同仁堂并没有乘机大肆涨价，反而对有些实在无力承担药费的百姓免费诊治抓药。有时，在自己药店某项药物紧缺时，同仁堂还会将顾客介绍到其他药店去。这样，同仁堂不仅继续保持了大量的客源，而且在同行中也获得了相当的美誉度，最终成为行业领袖。

道理看起来简单，如果你使其他人一点利益也没有，还会有谁去与你打交道呢？世界看似纷繁复杂，其实就是利益的纠结。小到人与人之间往来，大到国家与国家之间的交往，如果我们都能做到学会与别人分享利益，给别人时时留条后路，那么你会发现，朋友会越来越多，办事会越来越顺利，人生也会越来越精彩。

想要走得足够远，就得磨出厚厚的茧

卓 文

1934 年，他出生在广东梅县的一个贫苦农民家庭。小时候的他在冬天连鞋都穿不上。新中国成立以后，他通过助学金读完了中学和大学。1961 年，他从中山大学生物系毕业。

1963 年，他侨居泰国，5 年以后，他又回到了香港。初回香港时的他，两手空空，处境十分艰难。为了维持生计，他甚至为别人照看过孩子。

生活的艰难让他萌生了创业的念头。于是，他利用晚上的时间认真研究了香港的市场状况。通过长时间的调研，他发现，香港的服装行业虽然很发达，香港人也非常喜欢穿西装，但是却没有一家像样的生产领带的工厂。

找到这个市场契机，他便拿出平时积攒的6000元港币，又腾出自家租住的房子，创办了一家领带生产厂。

一开始，他和妻子只是制造手工缝制的低档领带。尽管夫妻俩非常努力，但生意却并不好。经过认真地考量，他决定走高端生产路线，希望能获得一线转机。于是，他买来法国、瑞士的高级领带进行研究仿制，生产了第一批高级领带。为了打开市场，他狠心将这第一批产品免费发放给顾客。

由于花色、款式非常时髦，他的这批产品深受市场欢迎。很快，他生产的领带便在香港小有名气。1970年，他正式注册成立了“金利来（远东）有限公司”。1971年，他在九龙买了一块地皮，建起了一个初具规模的领带生产厂。

为了实现自己的远大理想，创造世界名牌，他多次到西欧参观学习他们先进的制作工艺与经营方法，从而使得“金利来”领带很快占领了整个香港市场。

此后，他又将自己的产品线扩展到更多的男士用品。逐渐推出了金利来品牌的皮带、袜子、吊带、花边、腰封、领结、领带夹、袖口纽、钥匙扣等系列产品，使公司和金利来品牌都走向了多元化。

在巩固发展香港市场的同时，他还积极拓展海外市场，向东南亚国家进军。他曾多次亲自到新加坡考察，创办分公司，并寻找合作伙伴。成功后又迅速把战场扩展到印尼、马来西亚、泰国……迄今为止，金利来在这些国家的大客户已超过上千个。

他就是赫赫有名的“领带大王”曾宪梓。

谈起他的成功，曾宪梓最感激自己的母亲，因为他从母亲的身上学到了坚毅的品格。

曾宪梓的父亲去世的早。父亲走后，生活的重担都压在母亲身上。为了让孩子们活下去，这位伟大的母亲不得不去干一些连男人们都不愿意干的累活，挑石灰、挑盐等等。

即便是这样，他们的生活依旧窘迫。没办法，母亲只好租了几亩薄田。

天寒地冻，母亲由于经常赤脚下田，双脚都生了冻疮，并裂开一个个深深的口子，露着红肉。每次下田的时候，都钻心的痛。

如果用胶布贴伤口，一沾水就会掉，母亲舍不得花这样的钱。但是如果不处理伤口，裂口就会越来越宽。母亲思虑良久，最终决定用铁针和棉线来缝合伤口。她把双脚泡进热水里，等裂口上的皮肤泡软之后，咬着牙一针一针地将裂口缝起来。每缝一针，都是鲜血直流。

小宪梓在一旁看得心疼至极，眼泪直流。母亲却反过来安慰儿子：“如果不缝好，伤口只会变得更大更痛，没事儿，忍一忍就过去了。”

曾宪梓永远记得这一幕。所以在之后的岁月里，不管他面对着多大的困境与疲惫，他都以此来鞭策自己：没有越不过的困境，没有战胜不了的苦难，想要走得更远，就必要承受住这些磨难与考验。受住了，就成功了。我们要始终坚信，这所有的磨砺在未来都会成为一枚枚胜利的勋章。

为自己寻找一个对手

彭忠富

那时我在县城上初中二年级，期末考试前的一个月，班主任张老师让我们在同学中找到一个竞争对手，争取在期末考试的综合考评中超过他。这个对手并不是匿名的，而是彼此都知道。因为在班会课上，我们会当着全班同学的面把竞争对手的名字念出来。起初大家都有些不乐意，觉得这样似乎会伤同学之间的感情。但是张老师说必须这样做，不然他就不愿意再接我们这样的差班。

我们班有一部分同学来自乡村，是考进来的，而一些城区的同学，却是利用各种关系挤进来的。这些人学习习惯差，我行我素，每科老师上课都觉得棘手。初二上学期，班主任换成了张老师，在他的约束下，我们班的情况有所好转。说到竞争对手，每个人的目标都不一样，比如我是学习委员，成绩始终在班级的前五名，那么我的竞争对手就是排在第一名的同学。当然你的竞争对手不能跟你的差别太大，一般就差四五名吧，有点心理学中“跳一跳就能摘到桃子”的意思。

自从在班上宣布了竞争对手后，大家在学习上你追我赶，结果在期末考试中爆出了冷门，我们班的综合平均成绩一下子跃升到年级前列。而我更是尝到了甜头，由班级的前五名，变成了年级的前五名。要知道，整个年级有五百多个同学，这样的成绩是相当不错的。这时，我们才体会到张老师的良苦用心。

在班级的庆功会上，张老师给我们讲了一个故事：在秘鲁的国家森林公园里，生活着一只年轻的美洲虎。由于美洲虎是一种濒临灭绝的珍稀动物，全世界也只有十几只，为了更好地保护这只美洲虎，秘鲁人专门开辟了一块五十多平方公里的森林作为虎园。虎园里沟壑纵横，森林茂密，并有许多人工饲养的动物供美洲虎食用，生活条件极好。许多游人说，这里简直是美洲虎生活的天堂。然而奇怪的是，美洲虎在这样的生活环境中却从来没有展示过自己的王者风范，整天一副无精打采的样子，吼两嗓子都是少见。为了改变这种状况，饲养人员想了好多办法，却都不奏效。饲养人员去请教一位动物学家，他考察了老虎的生活环境后，建议在虎园中再放一只让老虎感到有敌意的动物。饲养人员采纳了建议，把一只豹子放进了虎园。这一招果然管用，自从豹子被放进虎园的那天起，美洲虎不是高声咆哮着冲向山顶，就是虎视眈眈地巡视和游荡，那种威猛刚烈、霸气十足的本性被重新唤起。

讲完故事，张老师说道，在我们每个人的心底，都生活着一只老虎。要想唤醒这只沉睡的老虎，只需要给自己找个对手就行了。人生是一场马拉松比赛，有了对手，才会有挑战，才会使比赛更加激烈；有了对手，才会使人激情满怀，信心百倍；有了对手，才会有压力、有危机感，从而不断地充实自己、完善自己。

在武侠小说中，有些侠客，终其一生都在寻找对手打败自己，在不断的挑战中，他会觉得自己很有成就感。如果没有对手，他会觉得很孤独、很郁闷。的确是这样，人生永远需要一个对手，只要能不断地超越对手，超越梦想，你就能登上成功的巅峰，享受一览众山小的人生辉煌。

成功就是做好每一件事情

周 礼

那年，因为生活所迫，他不得不在路边支起一个摊，做起了修补皮鞋的生意。起初，由于他是个新人，没有什么人脉，生意十分惨淡，一天只能赚几块钱，但他毫不灰心，他相信，只要自己练好技术，一切都会慢慢好起来的。

很多人都认为修补皮鞋是一项最没有前途的职业，包括那些从业人员也大多将它当作一种谋生的手段。可以说，但凡有别的办法，没有人愿意干这项工作。因此，大部分的补鞋匠都是得过且过，敷衍了事，只希望能混个温饱。而他跟那些路边的补鞋匠完全不一样，他热爱这项工作，将补鞋当作一门艺术，总是尽量做好每一个细节。每每看到顾客点头满意，他都打心眼里高兴，要是哪里有一点瑕疵，他会毫不犹豫地拆了重做，直到自己满意为止。

除了尽量让皮鞋保持原有的状态外，他还做了另外一件微不足道的事，那就是帮客人将鞋子擦洗干净，并打上鞋油，使其像新的一样。当然，他这样做并不是为了多收钱，而是让客人一拿到鞋，立马就能穿到脚上。同行都笑他多此一举，你只是一个修鞋的，干吗要管别人的鞋子干不干净，漂不漂亮呢？像你这样修鞋，迟早有一天会饿肚子的。面对别人善意的提醒或恶意的嘲笑，他毫不在意，将吃亏当作一种福。

都说人与人之间的付出是相互的，你为别人多做了一件事，即使别人嘴上不说，心里也会对你十分认可，并以另一种方式回报你。他的诚恳和认真打动了附近几条街的人，渐渐地，来他这里补鞋的人越来越多，有时甚至排起了长队。

一天，一位老者前来修鞋，他见年轻人动作娴熟，修好的鞋子不仅坚固，而且耐看，线缝也处理得非常好，就跟原厂做出来的一样。更让老者感动的是，这位年轻人还无偿地将他满是淤泥的鞋子弄得干干净净，不染纤尘。这位老者不是别人，正是当地一家大型皮鞋厂的厂长，他们正需要这样一位认真负责的技师。此后，年轻人被高薪聘请到了他的皮鞋厂上班，专门负责一些残次品的处理。

多年后，年轻人成了这家皮鞋厂的厂长，并将它发展为国内最知名的皮鞋品牌。某日，当他办完事路过当初修鞋的街道时，发现那些嘲笑他的同行没有丝毫的变化，仍然在那儿忙忙碌碌地修补皮鞋。他此时已是一家上市公司的CEO，拥有上亿的资产。当记者问及他成功的经验时，他总是微笑着说：“没什么，我只是做了我应该做的事情。”

甘地夫人曾说：“世上有两种人：一种人做事；另一种人邀功。我要试着做第一种人，因为这类人比较没有对手。”当我们渴望成功，渴望被人赏识时，都应该认真做好身边的每一件事。